李裴 著

酒文化片羽

贵州出版集团
贵州人民出版社

目 录
Contents

弁言 4

天下何人不识君——史说酒文化 8

香自何处飘 ┃ 历史越空数千年 ┃ 需于酒食

杯酒释兵权 ┃ 合度者有德

军法斩之 ┃ 学问之事 ┃ 酒色 ┃ 贵在适量

酒不可极 ┃ 弃身不如弃酒 ┃ 惟酒无量，不及乱

酒囊饭袋 ┃ 酒之移人

庄严之事 ┃ 频书争之 ┃ 狗猛酒酸

末予子酒 ┃ 醉者神全 ┃ 茅台"朝圣"

神龙见首不见尾——礼乐酒文化 38

通神之物 ┃ 饮食态度 ┃ 社会礼节

社会动力 ┃ 祭祀祖先 ┃ 酒后真言

避席 ┃ 酒极则乱 ┃ 酒之德行在礼乐

生命哲学含义 ┃ 向往超能力 ┃ 社会意义

激发创造力 ┃ 文化的象征 ┃ 精神性象征

酒神的狂欢 ┃ 天下任君游

翩翩起舞的精灵——诗性酒文化 64

酒行于文 ┃ 诗酒之缘 ┃ 雅致红楼

乐极生悲 ┃ 谋略三国

杯里春秋 ┃ 青梅煮酒 ┃ 温酒斩华雄

醉里入瓮 ┃ 义勇水浒 ┃ 殒命醉卧

酒壮英雄胆 ┃ 妓院饮酒

拼命酒 ┃ 淫媒金瓶 ┃ 酒溅觞滟

天下第一淫书 ┃ 乐而中夭

清谈儒林｜乐中藏悲｜辩说西游｜

饮酒的理由｜各色宴饮｜

酒以为乐｜生命体味｜

花看半开意朦胧——性灵酒文化　102
书与酒｜饮酒与读书｜饮酒五好｜

劝酒｜酒兴｜酒趣｜

酒气｜酒量｜酒胆｜酒骨｜

酒令｜筹令｜酒令大如军令｜

贵妃醉酒｜酒壮怂人胆｜酒过三巡｜

在乡村吃酒｜酒中情态｜

精彩离奇｜开心辞典｜酒品人品｜

酒神曲｜一种悟性｜品酒｜

幕天席地｜饮中八仙｜曲水流觞｜

抒怀寄意｜秀色｜茅台"七乐"｜

且说无酒不风流——境界酒文化　150
数风流人物，还看今朝｜把酒酹滔滔｜

谈笑把盏｜不喜欢酒的人永远不会有出息｜

国酒之父｜"解决危机"｜四瓶酒｜

饮中豪杰｜"醉眼"中的朦胧｜

漏船载酒泛中流｜貂裘换酒也堪豪｜大气｜

向往醉一次｜其道深远｜酒中人生｜金樽对月｜

境界｜懂酒善饮｜酒肉穿肠过｜守望茅台｜

赘语　182
重印后记　186

弁言

　　酒是一种奇特而美妙的饮料，世界上可以说没有不会喝酒的民族。"会喝水就会喝酒"，此语来自贵州民族地区流行的三句话之一，叫做"会走路就会跳舞、会说话就会唱歌、会喝水就会喝酒"。"走路、说话、喝水"这三件事，都属于人的生存的基本需要；"跳舞、唱歌"这两件事，和直接的物质生产生活的关系并不是很直接。例如"跳舞"，一般地说，和祭祀有关吧？很可能是娱神，唱歌实际上也和娱神有关系并与喝酒相对应。"走路、说话、喝水"是一个层面，"跳舞、唱歌、喝酒"又是一个层面。由此来看，"酒"似乎是很了不起的东西，渗透到人们的基本生活中，同喝水一样常见，这就很有意思了，与"舞、歌"一道进入了人的精神层面！

　　不意中，"酒"就成为了一种文化的东西，其魅力"就在于摆脱实用，摆脱功利，走向仪式"（余秋雨《何谓文化》）"。或许，当下唯"物质"是崇的人，会认为这有点"矫情"和"无聊"之嫌。这看你怎么理解了，陈寅恪先生云：不为无聊之事，何以遣有生之涯。陈先生有"中国三百年学问第一人"之誉，授课"四不讲"："前人讲过的，我不讲；近人讲过的，我不讲；外国

人讲过的，我不讲；我自己过去讲的，也不讲。"力倡"独立之精神，自由之思想"，认为研究学术最重要的是具有自由的意志和独立的精神。没有自由思想、没有独立精神，即不能发扬真理；不能发扬真理，即不能研究学术。何等之人！

　　1996年秋天的一个故事，至今我记忆犹新。当时，我陪同首长到县里调研，首长下乡是不喝酒的，晚餐也就没有喝酒。当晚住在一个林场半山那些木质小别墅里，黄昏时分，我忽见有个人独坐小溪边，细辨是位县领导，正一个人在那里喝闷酒。我说："耶！你怎么在这里枯坐干喝啊？"他说："哎哟，你看嘛，首长今天到我们这里来了，一杯酒都没有喝就要走了，我怎么给老百姓交代啊？"他就认为这是件天大的事。你看，这个"酒"的地位有多高啊！第二天上午，首长到了乡里的一个小村子，全村人都出来欢迎，在那里杀猪宰羊，好不热闹。中午饭，就或坐或蹲围着一个个火锅，锅上面有一个铁丝做的架子，放辣椒蘸水。这时候，厨房里面那个长得确是很富态的主厨，端了一碗土酒出来敬首长。首长一看，这是村里面的头面人物，今天亲自下厨，觉得这是一种深厚的群众感情，就顺手端起酒来抿了一口，此时楼上楼下都是人，把个二层的小木楼围了个水泄不通，首长就势在叫做"美人靠"的窗台边上，示意敬大家一杯，然后又到厨房里去一一敬酒。这位县领导脸上都乐开了花，兴奋得手舞足蹈，已顾不得规矩，大叫大嚷："啊！首长喝酒了！首长喝酒了！"

在我读《斗酒不过三杯》时，心里五味杂陈。请看舒婷的笔墨："文化大革命"时期，外婆也老了，天天跟外公呷一丁点儿（酒）。我每每装模作样从她手里沾一下唇，做伸舌抹泪状，深爱我的外婆乐不可支。妈妈和外婆都是忧郁型的，真正开心的时候极少。我是那么爱看她们展颜微笑的样子，那是我童年生活的阳光。这样，我似乎明白了酒是什么东西。首先一定要待人老了，心里像扑满攒下许多情感。因为老人们用酒来挥发一些什么，沉淀一些什么。

中国谚语，开门七件事："柴、米、油、盐、酱、醋、茶"。这排序大有讲究，与中国历史悠久的饮食文化有关，甚至涉及到人类发展的历史。比如，排序第一为"柴"，人类正是使用了"柴"——"火"才真正开始走向文明。"酒"没有在"开门七件事"里面，"茶"排在最后一位。相对来说，七件事里面的"茶"看似可有可无，却被认为是"扭转乾坤"之物，认为这个"茶"在七件事里除了与饮食有些关系，比如帮助消化的功能之外，更多的是它还有一种清谈、娱悦的功效。至今，"柴"已被石油气、天然气、煤气、电热等燃料所取代，"米、油、盐、酱、醋"仍是中国饮食文化的主要组成部分，至于"茶"则成为独当一面的茶文化而闻名于世。实际上，七件事里把"茶"放在最后，从"柴、米、油、盐、酱、醋"这样的生活必需品到"茶"，是一个转折。再看生活中，人们常讲"烟、酒、茶"三开，通过"茶"，把"烟"和"酒"也联系起来。又说"烟酒不分家"，大约二者并不是生活必需品，但都有一种精神娱悦特性，是和精神有关的东西。从历史发展看，"烟"进入人们的生活是较晚的，而"酒"的历史非常的悠久，其特殊意义自然是非同一般。

中国是酒的故乡，酿酒的传统源远流长。在数千年历史长河中，酒和酒文化一直有着重要地位，渗透到了社会生活中的几乎每个领域。酒是属于物质的，但又因其致醉功能可使人进入一种独特的感觉世界，而融于人们的精神生活之中，形成了华夏（人类）文明长河中的一道绚丽风景——酒文化。

天下何人不识君
——史说酒文化

　　酒的知名度，可谓"天下何人不识君"。唐代诗人高适的七绝："千里黄云白日曛，北风吹雁雪纷纷。莫愁前路无知己，天下何人不识君。"高适以边塞诗人名于世，时与岑参并称"高岑"，其诗作所蕴奔放雄健的气象，一派盛唐蓬勃的气势。以"天下何人不识君"设开篇小题，也是好酒之徒的态度。随便问一个人，不论黄种人白种人黑种人，还是其他什么人，我想没有不知道酒的；而谈论起酒来，恐怕都有话可说；不管是赞同于酒还是厌恶于酒，都不免一种激动，还可能都有种莫名。

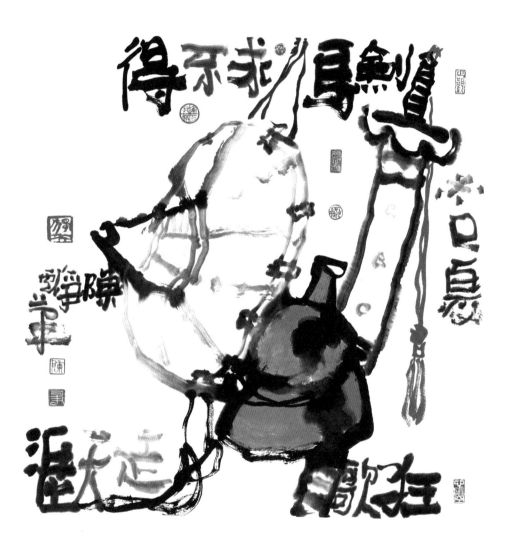

| 香自何处飘 |

翻阅《说文解字·十四下·酉部》，其曰："酒，就也，所以就人性之善恶。从水酉，酉亦声。一曰造也，吉凶所造起也。"又是"善恶"又是"吉凶"，你不重视都不行，是否有一种莫名的心情呢?

《神农本草》《世本》等古籍明确记载，酒起源于远古。传说，杜康"有饭不尽，委之空桑，郁结成味，久蓄气芳，本出于此，不由奇方"。作为黄帝手下的大臣，杜康管理生产粮食，装在树洞里的粮食，经过风吹、日晒、雨淋，慢慢地发酵了，渗出水来，清香、辛辣而醇美。仓颉道："此水味香而醇，饮而得神。"造了一个"酒"字。

果实花木可酿酒，在陆祚蕃著的《粤西偶记》中记载：（广西）平乐等府深山中，猿猴极多，善采百花酿酒。樵子入山，得其巢穴者，其酒多至数石，饮之香美异常，名猿酒。

谷类酿酒约始于殷代，其时，农产物既盛，用之作酒。朱芳圃编《甲骨学》下册文十四，酒字，凡二十一见；郭沫若《殷墟文字研究》，复有"酒，受酉年"之文。受酉年，即出酒丰富之年。我们知道的黄酒，被认为是世界上最古老的酒类之一，约在三千多年前，商周时代，中国人独创酒曲复式发酵法，就开始了大量酿制黄酒。

因此我们可以大概地说，人类早初接触到的酒，当是果酒和米酒。随着历史的进程，酿酒日兴，供给日盛，酒也就逐渐进入人们的日常生活，酒事活动也随之宽泛。

| 历史越空数千年 |

酒掺和到人们的日常生活中后，喜之忧之竟也难以由人，其地位一直是特殊而微妙的。我国第一部诗歌总集《诗经》，收入自西周初年至春秋中叶五百多年的诗歌305篇，又称《诗三百》，其中有"十月获稻，为此春酒""为此春酒，以介眉寿"等诗句，说是用酒来帮助人们长寿。

而《诗经》写到酒，说明我国酒之兴起至少已有五千多年历史，同时表明在我国数千年文明发展史中，酒与文化的发展应是"同频共振"。数千年来的酿酒历史，分支分流生出了无数具有地方特色、当地风土人情的各类各式名酒，不同地域、不同民族的酒礼酒俗，勾勒出一个博大多彩的酒文化古国的优美轮廓。

远古时代的人们对酒的态度甚为鲜明，总体上认为酒是庄严而神圣之事，非祀天地、祭宗庙、奉佳宾而不用。《左传·成公十三年》记载："国之大事，在祀与戎。"而凡祭祀、庆典、出征、凯旋、外交等，必设佳宴，必置美酒。主持飨宴中的酹酒祭神活动之人，称为"祭酒"，后被人们用以泛称位尊或年长者。

汉魏以后，"祭酒"还曾被用作官名，为首者或主管者的意思。而"祭酒"作为语词，至今未废。至"神"而下，在"历史越空数千年"中，酒渗透到了人类社会的几乎每一个领域。甚至可以说，在人们现实生活的政治、经济、文化、社会等各方面，无不见酒那神出鬼没的身影。

| 需于酒食 |

　　《易经》历来被奉为群经之首，大道之源，合璧孔子《易传》而成《周易》，学者们称之为一座"易道周普，无所不备"的宝库。《易经》中涉酒篇章不少，《易经》六十四卦中，至少有十几卦直接涉及到饮食问题，其中酒是其重要内容，代表着古代在饮酒问题上的基本观点，用文字记载的酒文化，即是在《易经》中初步形成的。集中在《需》《坎》《困》《震》《中孚》《既济》六卦中，蕴涵着非常丰富的酒文化。《需》卦，《序卦传》曰："需者，饮食之道也。"《象传》："需，君子以饮食宴乐。"所以其九五爻有"需于酒食"之辞。"需于酒食"说明古人清楚地认识到饮食是维持人类正常生命活动之必需，而"酒"也与人们的日常生活息息相关。《混俗颐生录》说："食为性命之基。"而在饮食中，李时珍认为"酒"是"天之美禄"，含五谷之精华，是人们健康长寿所需的一个重要营养品。《震》中的"不丧匕鬯"，"鬯"即是古代祭祀之高级酒，用郁金草酿黑黍而成；《中孚》有"我有好爵"句，说的是"我有好酒，咱们同享"。翻阅《易经》可见，当时酒的用途已非常广泛，几与现代比肩，如祭祀、婚宴、待客、宴会、居家饮用等；提到酒器"匕"（勺）、"缶

爵"等；还说到产酒之地域等；同时《易经》还观察到，在总体上，男比女饮酒量大，中年饮酒量最大；对饮酒的规矩，《周易》也已注意到，比如说"饮酒醺首，亦不知节也"。就是谓饮酒沾湿头巾，也是不知节制，这应是一种不应该的行为。对于酒的起源，《易经》没有直接说到，但反映出的酒渊源却相当神秘，仿佛是从天而降，在一夜间形成，并且还是比较成熟的。《周易·系辞下》云："天地氤氲，万物化醇。"好一个"醇"啊！醉了多少代？醉了多少人？《周易》把这份关于酒的文化，最先用符号或文字记载入册。在庞大的"周易盛宴"中，酒只是一小盅，而这"一小盅"生命力之旺盛，可从《周易》概念中所涉及的酒功、酒史、酒论、酒俗、酒政、酒文化，以至饮酒心理与行为等看出，由是开创了我国酒文化的先河，直如行家所言："酒——泡出了五千年的文明史。"史料记载，酒最早也叫"神仙水"，古人认为其医用保健价值很高，与古代养生学和中医学结下了不解之缘。《易经》中有《颐》卦，《说卦传》解为："颐者，养也。"古人认为，注意饮食调养，对抗衰延寿有重要意义。《养生要略》说："淡酒、小杯、久坐细谈……亦可养生。"

杯酒释兵权

　　说个政治方面酒产生巨大影响的例子。翻开中国历史，酒掺合政治并对后世政治产生较大影响的恐怕要数"杯酒释兵权"了。北宋杯酒释兵权是一个著名的酒局，是酒在政治博弈中的成功运用典范，也开启了宋朝数百年重文轻武的国家体制。宋朝皇帝赵匡胤靠兵变上位，却担心仿效，于是在961年，大开宴席，在饮酒中解除了部下的兵权。这一着得吃，到969年便故伎重演，一帮藩镇兵权又被解除。成功的做法为其后辈沿用，直到能调动军队的不能直接带兵，能直接带兵的又不能调动军队，兵变倒是防止了，可部队的作战能力却大为削弱，以至宋朝在后来的战争中连连败北。战争遵循丛林法则，谁拳头硬，"真理"就在谁手中。论政治稳定、经济繁荣，宋朝远胜秦汉，媲美盛唐，然军事实力却难以让人恭维，这种国富兵弱可以说是导致宋朝灭亡的一个重要原因，肇始者非赵匡胤莫属，其杰作即是"杯酒释兵权"，成在此、败在此，让人不胜唏嘘。

太白邀月圖

壬辰年秋日寫於長安王志平

| 合度者有德 |

　　"酒德"这一概念，最早见于《尚书》和《诗经》，其含义是说饮酒者要有德行，不能像纣王那样，"颠覆厥德，荒湛于酒"。《易经》释困卦为"九二，困于酒食"，释未济卦为"饮酒濡首，亦不节也"，都是凶险的征象，语含警诫。《诗经·小雅·宾之初筵》，就表彰宾客各就席次，揖让不失礼；批评"曰既醉止，威仪怭怭；是曰既醉，不知其秩"（一到喝醉了，就仪态失度，轻薄张狂，连普通的礼节也忘了）。此外，《尚书》有《酒诰》篇，《抱朴子》有《酒诫》篇，晋代庾阐作《断酒戒》，唐代皮日休撰《酒箴》，宋代吴淑撰《酒赋》，苏辙撰《既醉备五福论》，都谆谆告诫制欲节饮；元代忽思慧的《饮膳正要》，明代李时珍的《本草纲目》，明清之际顾炎武的《日知录》，也提醒酒为"魔浆""祸泉"，少饮有益，滥醉伤身。

　　饮酒讲究"度"的把握。古人饮酒之时，实际上也是在社会发展过程中形成的"度"，不能让生活乱了套。如主人和宾客一起饮酒时，要相互跪拜。晚辈在长辈面前饮酒，叫侍饮，通常要先行跪拜礼，然后坐入次席。长辈命晚辈饮酒，晚辈才可举杯；长辈酒杯中的酒尚未饮完，晚辈也不能先饮尽。中国历史上，一般的饮酒礼仪约有四步：拜、祭、啐、卒爵。就是先作出拜的动作，表示敬意，接着把酒倒出一点在地上，祭谢大地生养之德；然后尝尝酒味，并加以赞扬令主人高兴；最后仰杯而尽。在酒宴上，主人要向客人敬酒（叫酬），客人要回敬主人（叫酢），敬酒时还要说上几句敬酒辞。客人之间相互也可敬酒（叫旅酬）。有时还要依次敬酒（叫行酒）。敬酒时，敬酒的人和被敬酒的人都要"避席"，起立。这些礼仪，虽有繁文缛节之嫌，却也有促人循礼之教化作用。在日常生活中，有酒量、酒胆、酒兴、酒趣等说法，是一些很有意思的叙述。"酒之趣，在于雅"，饮酒像品茗一样，不能视作单纯满足口腹之欲的一种手段。数千年的饮酒礼仪中浸润着深厚的酒文化；而现代人饮酒若要得到"真谛"，则在于品酒，从饮酒中寻求一种更高层次的精神和审美享受，回味人生的甘苦。

酒有礼的功能。酒在使人自由放松乃至肆意放纵的同时，作为一种物质化的物品，它必然也具有其属于社会的理性属性。不管任何时代，人作为社会动物，都要有一种约束和规范，古今中外皆然。如果没有礼的约束（祭祀实际上对礼的约束是非常严格的），先做什么，后做什么，什么能做，什么不能做，都有一套规定。酒的通神的一面，失去礼的约束以后，就会酿成灾难，比如说有毒奶粉，就完全是一种丧失理性和天良的，这种戕害，可以说利令智昏，丧尽天良，是可忍孰不可忍啊。

| 军法斩之 |

　　古书记载：有一次晏子上朝未穿朝服，田桓子趁机向景公进谗言诬称晏子有欺君之罪。景公闻言大怒，命"酌者奉觞"，罚饮酒五壶。这种刑罚直到晋代还存在。谢奕任剡（今浙江嵊县）令时，有一老翁因触犯刑律，谢奕就罚他饮醇酒。古代人饮酒，很多场面设有酒史监酒，酒会犹如军法，谁也甭想投机取巧。西汉吕雉擅权，诸吕皆封王侯。一次朱虚王刘章入侍吕后晏饮，吕后令刘章为酒史。刘章说："臣，将种也。请以军法行酒。"吕后说："可也。"酒酣，一人酒量不行，中途退席。刘章追至门外，拔剑斩之，还报之说："有亡酒一人，臣已行军法斩之。"饮酒应有礼数，似无可厚非，而直至因饮酒而杀人，这真是骇人听闻了。

歡渭亦需才

庚左子處暑攏月
陝西書畫院石川書

| 学问之事 |

　　饮酒可不是简单的吃喝，在古人心目中，可是关系以德治国、人民安居乐业的事情。在孔夫子的那套学问、思想体系里，无论什么都应与"德"有所关联，酒文化是孔子思想的一个重要组成部分，"酒"当然也不例外，表现为"酒德"。酒文化成为中国文学的"摇篮"和"发酵剂"，孔夫子文化应是一大功臣。《诗经》三百来篇，其中有酒的就占了三十篇。孔子强调礼乐治国，而"百礼之会，非酒不成"，没有酒，礼就失去了存在的形式；有音乐无酒，不能形成欢乐的气氛。其"酒德"的核心思想，是指饮酒的道德规范和酒后应有的风度。合度者有德，失态者无德，恶趣者更无德。饮必祭，祭必酒，酒必礼。饮酒作为一种文化，可使人获得极大的精神自由，同时，饮酒过量，便不能自制，容易生乱，因此制定饮酒礼节很重要。在远古时代就已形成一些人人都必须遵守的饮酒礼节，酒的使用，是为庄严之事，从西周开始，酒就首先用在祭祀礼仪中，几乎"无酒不成礼"。"庶民以为欢，君子以为礼"，我国历代倡导"饮酒有类，酒表有仪，酒杯有艺，上酒有序，开瓶有本，倒酒有方，配菜有别"等饮酒文化，与维护社会秩序的"礼"相互交融。主持飨宴中的酹酒祭神活动之人，称为"祭酒"，后被人们用以泛称位尊或年长者。汉魏以后，"祭酒"还曾被用作官名，为首者或主管者的意思。而"祭酒"作为语词，至今未废。

| 酒　色 |

　　酒色，可指酒和女色。亦泛指放纵不检的生活。《汉书·朱博传》："博为人廉俭，不好酒色游宴。"《宋书·殷孝祖传》："孝祖少诞节好酒色，有气干。" 清魏源《行路难》诗之七："溺仙溺佛皆玩物，岂独酒色堪自伐。"郭沫若《历史人物·甲申三百年祭》：" 李自成的为人……就是官书的《明史》，都称赞他不好酒色。"另指酒容、醉态。《三国志·吴志·诸葛恪传》："命恪行酒，至张昭前， 昭先有酒色，不肯饮。"南朝宋刘义庆《世说新语·谗险》："（孝武帝）尝夜与国宝及雅相对，帝微有酒色。"宋欧阳修《归田录》卷二："益取好酒，奉之甚谨。二人饮啗自若，傲然不顾，至夕殊无酒色，相揖而去。"又谓酒的颜色。唐岑参《虢州西亭陪端公宴集》诗："开瓶酒色嫩，踏地叶声乾。"世人说的"酒色之徒"，则纯是对某些人低下的人品之评价了。

| 贵在适量 |

饮酒不在多少，贵在适量。要正确估量自己的饮酒能力，不作力不从心之饮。过量饮酒或嗜酒成癖，都将导致严重后果。《饮膳正要》指出："少饮为佳，多饮伤神损寿，易人本性，其毒甚也。醉饮过度，丧生之源。"《本草纲目》亦指出："若夫沉湎无度，醉以为常者，轻则致疾败行，甚则伤躯陨命，其害可甚言哉！"这就是说，过量饮酒，一伤身体，二伤大雅。有的人或赌酒争胜，或故作豪饮，或借饮浇愁，都是愚昧的表现，懦夫的行径。正如郭小川在《祝酒歌》里所咏唱的："酗酒作乐的是浪荡鬼，醉酒哭天的是窝囊废，饮酒赞前程的是咱社会主义新人这一辈！"朋友聚会，欢畅饮酒，当是切不可强劝的。其实，真的能够"席前无空杯"也就算点到礼数了。

| 酒不可极 |

　　饮酒要注意自我约束，节制有度。十分酒量最好喝到六七分即可，至多不超过八分，这样才饮酒而不乱。《三国志》裴松之注引《管辂别传》，说到管辂自励励人："酒不可极，才不可尽。吾欲持酒以礼，持才以愚，何患之有也？"就是力戒贪杯与逞才。明代莫云卿在《酗酒戒》中也论及：与友人饮，以"唇齿间觉酒然以甘，肠胃间觉欣然以悦"；超过此限，则立即"覆斛止酒"（杯倒扣，以示决不再饮）。对那些以"酒逢知己千杯少"为由劝其再饮者则认为"非良友也"，这也是节饮的榜样。相反，信陵君"与宾客为长夜饮，……日夜为乐饮者四岁，竟病酒而卒"；曹植"任性而不自雕励，饮酒不节"，"常饮酒无欢，遂发病薨"，享年仅41岁。而晏婴谏齐景公节制饮酒，山涛酒量极宏却每饮不过八斗，都一直奉为佳话。

| 弃身不如弃酒 |

　　饮酒要有度，嗜酒成癖则当是有害无益了。《饮膳正要》说"饮酒过度，丧生之源"，是有其根据的。因为酒的主要成分是酒精，喝多了使人头昏昏、脑胀胀，过度兴奋，感情冲动，失去理智甚至导致死亡。一次严重的醉酒无异害了一场大病。李白号称"酒仙"，喝到五十来岁，他就严重衰老而无生机，这个"但愿长醉不愿醒"的李白和这个"百年三万六千日，一日须倾三百杯"的李白，最后终于得了可怕的"腐肋疾"，就是今天的"慢性胸脓穿孔"。我们今天的许多英雄豪杰，人中精华，在畅饮中，有的胃出血，有的肝硬化，有的还掉进水沟，牺牲了性命。饮酒过量，可以造成多种疾病的发生，呕血，急性胃炎，肾脏病，胰腺炎，动脉硬化，心脏病，血管病，精神病，脑溢血等。只要酒杯端起，就只顾乐、只讲情，就乐得忘乎所以。这样，不出事才怪呢？

　　酒作为一种带有社会属性的交流饮食媒介，在度的把握上很重要，至少要做到如孔子所言"不及乱"。在历史上，因酒误事乃至招来杀身之祸去国之灾的，

可谓屡见不鲜。商纣王"酒池肉林"，耽于酒色，招致亡国身死自不必赘言；南宋时期的陈亮，才华横溢，蜚声词坛，一日与人饮酒，醉中骋为大言，颇犯上，被人告到刑部，备受酷刑；唐太宗时的刑部尚书刘文静，素对尚书左仆射裴寂不满，一次趁着酒兴发怨言："当斩寂。"被一个失宠之妾告发，落得身首异处。教训是最好的良师，因此有人对饮酒显得特别谨慎，甚至敬而远之。春秋时期的政治家管仲，说过一句名言："湛于乐者洽于忧，厚于味者薄于行。"一次齐桓公问他为何不饮酒，他说"酒入口者舌出，舌出者言失，言失者弃身"，因此，"臣计，弃身不如弃酒"。《清异录》卷上《君子》"百悔经"条载："闽士刘乙尝乘醉与人争妓女，既醒惭悔，集书籍凡因饮酒致失贾祸者编以自警，题曰《百悔经》。自后不饮，至于终身。"因万事皆有度，过度必失误，弃身不如弃酒！人们应做到喜极不昏己心，乐极不乱己行，凡事适可而止。古人的忠告应当记取，可免闹出乐极生悲之事来。

惟酒無量不及乱

壬辰秋月 石川立

| 惟酒无量，不及乱 |

儒家的学说简称儒学，是中国古代的主流意识流派，自汉以来在绝大多数的历史时期，儒家的学说被奉为治国安邦的正统观点，至今也是一般华人的主流思想基础。儒家学派对中国、东亚乃至全世界都产生过深远的影响。酒的习俗同样也受儒家酒文化观点的影响。《古今酒典》里说，孔子本然就是个酒人；晋人葛洪《抱朴子·酒戒》更是说"嗜酒无量，仲尼之能"。这位孔圣人多次谈到酒，比如《论语·为政》："有酒食，先生馔，曾是以为孝乎。"《论语·子罕》："出则事公卿，入则事父兄，丧事不敢不勉，不为酒困，何有于我哉？"《论语·乡党》："乡人饮酒，杖者出，斯出矣。"在儒家的思想范畴里，用酒祭祀敬神，养老奉宾，都是德行。孔子之"惟酒无量，不及乱"，说喝酒多少也就是酒量大小，不是其他问题，重点在"不及乱"，应由"礼"规范、不逾矩。《酒尔雅》明确告知："酒者，天之美禄，帝王所以颐养天下、享祀祈福、扶衰养疾，百福之会。酒以成礼，不继以淫，义也；以君成礼，弗纳于淫，仁也。"儒家对中国酒文化的影响实在太大了，也就无怪乎《清稗类抄》中黄九烟论酒的文章，干脆就把孔子封为"酒王"了。

| 酒囊饭袋 |

宋代酿酒业甚为发达，"正月灯市，二月花市……十月酒市，十一月梅市，十二月桃符市"（赵抃《成都古今记》载）。其时成都每年十月专门辟开酒市，足见酿酒、饮酒之盛况。而问题在于，当时的宋代官场已极度腐败，吃喝成风，不请吃、不喝酒难以办事，甚至有"酒食地狱"之说流传于民间，至于那些酒色之徒，只知饮酒作乐，醉生梦死，置国家兴亡、民族盛衰而不顾，时人则形象地讥讽为"酒囊饭袋"。

链接

无酒不成席

酒是喝的，但在日常生活中，我们常常听到人们说"吃酒"。吃酒本是一件平常事，平常到如同呼吸空气、打哈欠、眨眼一样。可同样地，吃酒也是一件不寻常的事，因为只有婚嫁、丧礼、寿辰（生日）、逢年或是过节，才会亲朋齐聚，围上桌子大家在一起嬉笑、抽烟、哭闹、醉酒。熟人相互路遇，常会听到"今天吃酒去"这样的话，这里说的"吃酒"，实际上大多是出席或参加筵席。

不管你赞成不赞成，"无酒不成席"，就这么个约定俗成之事，酒的渗透力往往让人莫可奈何。"席"是啥？基本字义是草或苇子编的成片的东西，古人用以坐、卧，现通常用来铺床或炕等。引申为座位、席位、出席、列席，进而指酒筵、筵席、宴席、酒席。以至后来人们习惯把比较正式的聚会、聚餐、宴饮，都叫做酒席。

酒之移人

　　《北山酒经》载："六彝有舟，所以戒其覆；六尊有罍，所以禁其淫。"说的是，青铜礼器中的六彝都配有叫做舟的托盘，目的在防止彝器倾覆；六尊中有一种小口、广肩、深腹形状的罍，目的在防止人们饮酒过度。又载："善乎，酒之移人也。惨舒阴阳，平治险阻；刚愎者薰然而慈仁；懦弱者感慨而激烈：陵轹王公，给玩妻妾，滑稽不穷，斟酌自如，识量之高，风味之嫩，足以还浇薄而发猥琐。"这里说到，好呀，酒能够让人的情绪改变，忧戚可转为舒快，壮起胆子平治险阻；刚愎自用的人很舒服地喝几杯酒后会变得慈祥仁爱；懦弱的人则会变得感慨而激烈：敢于触犯王公，善于玩弄妻妾，其滑稽不穷的举止，斟酌自如的风范，识见之高超，风味之微妙，仿佛足以止息浮薄的社会风气，去掉庸俗低下的行为举止。

| 庄严之事 |

　　酒是祀神供祖的仪式的必须祭品，被视为神圣之物，主要是用来和神对话，祈求上天给予人类帮助。宋代朱翼中所著《北山酒经》中云："大哉，酒之于世也！礼天地，事鬼神。"初唐贾公彦《周礼疏》："天神称祀，地祇称祭，宗庙称享。"在中国古代，如《左传·成公十三年》所载："国之大事，在祀与戎。"把祭祀和保疆卫土都作为国家的重大事件，凡祭祀、庆典、出征、凯旋、外交等，必设佳宴，必置美酒。

　　祭祀活动中，酒作为美好奇妙的东西，首先要奉献给上天、神明和祖先享用。因而，酒的使用，也成为庄严之事，非祀天地、祭宗庙、奉佳宾而不用。因此形成了远古酒事活动的俗尚和风格，与维护封建秩序的"礼"相互交融。《尚书·酒诰》说："饮惟祀"（只有在祭祀时才能饮酒）；"无彝酒"（不要经常饮酒，平常少饮酒，以节约粮食，只有在有病时才宜饮酒，颇有意思）；"执群饮"（禁止民群聚众饮酒）；"禁沉湎"（禁止饮酒过度）。主持飨宴中的酹酒祭神活动之人，称为"祭酒"，后被人们用以泛称位尊或年长者。汉魏以后，"祭酒"还曾被用作官名，为首者或主管者的意思。而"祭酒"作为语词，至今未废。

| 频书争之 |

曹操为备官渡之战，严申酒禁之令。大儒孔融"频书争之"，为饮酒作辩，曰："夫酒之为德久矣。古先哲王，类帝禋宗，和神定人，以济万国，非酒莫以也。故天垂酒星之耀，地列酒泉之郡，人著旨酒之德。尧不千锺，无以建太平；孔非百觚，无以堪上圣。樊哙解厄鸿门，非豕肩钟酒，无以奋其怒；赵之厮养，东迎其主，非引卮酒，无以激其气。高祖非醉斩白蛇，无以畅其灵；景帝非醉幸唐姬，无以开中兴。袁盎非醇醪之力，无以脱其命；定国非酣饮一斛，无以决其法。故郦生以高阳酒徒，著功于汉；屈原不酺醊醹醨，取困于楚。由是观之，酒何负于政哉！"

好一个"酒何负于政哉"。孔圣人清楚明白地说"惟酒无量，不及乱"，争战之胜负，岂在禁酒？！

｜狗猛酒酸｜

先秦诸子中的法家，主张"以法治国"，并提出了一整套"法治"的理论和方法，其主要代表人物之一韩非子讲了个故事：宋人有酤酒者，升概既平，遇客甚谨，为酒甚美，悬帜甚高，著然不售，酒酸，怪其故，问其所知。问长者杨倩，倩曰："汝狗猛耶。"曰："狗猛则酒何故而不售？"曰："人畏焉。或令孺子怀钱挈壶瓮而往酤，而狗迓而龁之，此酒所以酸而不售也。"接着说：夫国亦有狗，有道之士怀其术而欲以明万乘之主，大臣为猛狗迎而吠之，此人主之所以蔽胁，而有道之士所以不用也（《韩非子·外储说右上》）。这里的要点是，卖酒者疑问："狗凶，为什么酒就卖不出去呢？"长者答："人们怕狗啊。大人让孩子揣著钱提着壶来买酒，而你的狗却扑上去咬人，这就是酒变酸了、卖不出去的原因啊。"随即话锋一转，国家也有恶狗，身怀治国之术的贤人，想让统治万人的大国君主了解他们的高技良策，而奸邪的大臣却像恶狗一样扑上去咬他们，这就是君王被蒙蔽挟持，而有治国之术的贤人不被任用的原因啊！值得玩味的是，说"狗猛酒酸"而没有说"狗猛水干""狗猛豆腐臭"，可见"酒"在人们心目中具有的特殊地位。狗猛而使酒酸，权奸而使贤臣不能得用。要想使酒能卖出去，就要赶走猛狗；要想使国家昌盛，就要广纳贤才；要广纳贤才，就必须赶走猛狗一样的权臣。汉·韩婴《韩诗外传》第七卷这样写到："人有市酒而甚美者，置表甚长，然至酒酸而不售。问里人其故？里人曰，'公之狗甚猛，而人有持器而欲往者，狗辄迎而吠之，是以酒酸不售也'。""有道之士"是"好酒"啊！从生活比喻的角度可以看出，法家对酒持肯定态度，酒在人们的日常生活中应是积极向上。

| 末予子酒 |

墨家是中国古代主要哲学派别之一，创始人为墨翟。这《墨子·天志》里说到，从前三代的圣君禹、汤、周文王、周武王，想把上天向天子施政的事，明白地劝告天下的百姓，所以无不喂牛羊、养猪狗，洁净地预备酒醴粢盛，用来祭祀上帝鬼神而向上天求得福祥。祭神求福，不能少了"酒醴"。《墨子·公孟》载：有游于子墨子之门者，身体强良，思虑徇通，欲使随而学。子墨子曰："姑学乎，吾将仕子。"劝于善言而学。其年，而责仕于子墨子。子墨子曰："不仕子，子亦闻夫鲁语乎？鲁有昆弟五人者，其父死，其长子嗜酒而不葬，其四弟曰，'子与我葬，当为子沽酒'。劝于善言而葬。已葬，而责酒于其四弟。四弟曰，'吾末予子酒矣，子葬子父，我葬吾父，岂独吾父哉？子不葬，则人将笑子，故劝子葬也'。今子为义，我亦为义，岂独我义也哉？子不学，则人将笑子，故劝子于学。"这个故事很有意思，重点在于，利用人的想当官的心理劝其学习，学习后又不给官，把理由归结到道义上。而精彩更在于，用了一个鲁国的故事来打比方，利用长子嗜酒之习来办事，然后"末予子酒"，将其理由归结到父子之血缘关系上。这里把"酒"作为一个具体的载体，形象而生动，教训意义深远而长，让人记忆深刻。墨子劝学用心良苦：儿子葬父是应该的，不能谈条件；游者学义也是应该的，也不能谈条件。这个故事里讲到用酒许诺让长子安葬父亲，说明酒在当时已深入人们的生活，已有了嗜酒如命者。另一面也说明墨子对酒这种物质存在的认同，肯定了酒独有的诱惑力和相当的吸引、制约力。

| 醉者神全 |

道家是先秦时期的一个思想派别，以老子、庄子为主要代表，崇尚自然，思想核心是"道"——宇宙的本源和宇宙运动的法则。《老子》第25章说："有物混成，先天地生。寂兮寥兮，独立而不改，周行而不殆，可以为天地母。吾未知其名，强名之曰道。"老子说"人法地、地法天、天法道、道法自然。"核心内容就是说让世界按照它本身的内在规律自主运行，不要强加干涉。到庄子时便已发展成率性而为，逍遥自在。庄子在《达生》篇中对酒的神效作了论辩，"夫醉者之坠车，虽疾不死。骨节与人同而犯害与人异，其神全也。乘亦不知也，坠亦不知也，死生惊惧不入乎其胸中，是故遻物而不慑"。意思是说，喝醉酒的人从车上摔下来，虽受伤却不会摔死。人的骨节和别人一样，而伤害与不喝酒的人摔下来的情况不同，这是由于酒后精神凝聚，乘上车不知道，摔下来也不知道，死与活的感观惊恐没有进入他的心中，所以外物便伤害不到他。这可以说是一个"醉者神全"的命题：人饮酒致醉而"其神全也"。醉酒后人的精神越发高涨，思路越发狂放，以至于"死生惊惧不入乎其胸中"。其至境是忘却自我，生活与生命在于意念之间，看待世界与生命的态度，决定我们的生活是刻意的思索与痛苦，还是不经意的放纵与兴奋。正如于丹在《庄子心得》中的感叹："生命有限，流光苦短，而天地之间，我们每一个人的心合乎自然大道，最终每一个生命的成全就是一句话：每一个人的生命在我们自己手中。"庄子论酒的影响远超饮酒之范畴，其表述的文化意义之深刻，让后世多少文人墨客顶礼膜拜，世人对酒后的"厄言"与"醉者神全"的理解与论辩之哲学命题，其实可以看着追求自由、享受自然的化身，一直以来为后世所推崇。以此哲思为核心的道家文化在中国艺术、绘画、文学、雕刻等各方面的影响，长期占居绝对的主导地位，即使说中国艺术的表现即为道家艺术的表现似亦并不为过。

| 茅台 "朝圣" |

追溯历史、地理和生活的秘辛，关于酒的记忆应是深嵌文化基因的一种神秘存在，其现实表现总让人印象深刻。2006年初秋，陪同一位外省嘉宾赴茅台酒厂。从南明河畔驱车奔茅台赤水河边，三个多小时车程。当夕阳透过山的剪影洒下金色的余辉，一阵阵酒香味飘来的时候，客人情不自禁："太棒了，太美丽了！我跑了世界上不少地方，你看这个景致，没得说"。老黄身材清瘦，双目明亮，将年过花甲，第一次来贵州，点名茅台。"干了一辈子接待，一张桌子一碗菜。我反复给领导讲我的愿望，在退休前无论怎样到一趟茅台"。他神情庄严肃穆地强调："茅台，我是来'朝圣'的！"电石火花，茅台于他，已成为具有特殊灵性力量之所在，茅台之行已赋予神性色彩，蕴含道德或灵性意义的旅程或探寻的意味。一个人，一辈子，做一件事，又对这事各方面都搞得很清楚、弄得很明白了，还能保持热情去认真做，这样的人是了不起的、值得敬佩的。茅台这杯酒里，也不正是这样吗？

老黄双手战抖地捧着酒杯，口里念念有词："色清透明，酱香突出，幽雅细腻，酒体醇厚，回味悠长，空杯留香持久。"神秘的茅台酒工艺，是与大自然同呼吸的，属于国家机密。重阳下沙，正是本地优质糯高粱收获的季节，也是中华文化象征天地久长的老人节；端午踩曲，与气候同频共振。春夏秋冬，历时一年，两次下料、九次蒸煮、八次发酵、七次取酒，陈贮三年以勾兑调配，再贮一年后才到桌子上、杯子里。老黄陶醉的神态让人未饮先醉，这里有一种什么样的灵性和力量啊。产酒之地仅7.5平方千米，满打满算吃干榨净也就15平方千米，

　　"集灵泉于一身，汇秀水东下"（清代诗人句）的赤水川流而过，紫红色土壤独具一格，空气气候独一无二，特别是不可能摸清的舞蹈在这片河谷的微生物，更是出神入化，不可替代。老黄敞怀畅饮，已有几分得意忘形，厚重的历史，就在这酒里啊——据传远古大禹时代，赤水河的土著居民——濮人，已善酿酒。汉代在今茅台镇一带即有了"枸酱酒"，《遵义府志》："枸酱，酒之始也。"在司马迁的《史记》里，可以看到与汉武帝相关的"枸酱""甘美之"的传说。老黄越喝越激动，"大人物"与茅台酒的故事张口即来，伟人毛泽东、"国酒之父"周恩来，外国的金日成、尼克松、"铁娘子"撒切尔夫人……历史文化底蕴浩如烟海！"我的眼前飘动着1935年红军'四渡赤水'的战旗啊！"返程中，老黄喃喃自语："千里之行，只为一醉。我一定再来！"接着，是长时间的静寂，我猜想，老黄有太多的话要说……2016年，贵州"舍不得乡愁离开胸腔"系列长诗火热进行，是年秋，作为总策划的我，带长诗之《匠心茅台》主创人员周雁翔和谢氏五姊妹（谢佳清、谢国红、谢国蕾、谢国雯、谢树林），深入茅台采风体验，历时一年，诗成，被国家新闻出版署列为中国"农家书屋"2018年重点出版物推荐名录，纳入采购目录。管窥其创作，是茅台的厚重让诗人脱胎换骨——"茅台，没有黑夜/茅台的黑夜，早在1935年/被红军画一个红靶心/用枪杆子打了下来"；"'仙女捧杯'告诉/世人，飞天的梦/并不大，一只/三脚酒杯就能装下"。窃以为，诗人们是在"匠"源、"匠"缘、"匠"园和"匠"远的探寻"朝圣"中，经历了一次灵性和道德的洗礼而修得了正果。

神龙见首不见尾

——礼乐酒文化

　　酒在古代总体上被视为神圣之物。酒之行藏，无法一言蔽之，可以形容为"神龙见首不见尾"。一如赵执信《谈龙录》形容"诗如神龙，见其首不见其尾，或云中露一爪一鳞而已"。翻阅数千年历史，汗牛充栋的典籍，一杯酒却是多大的世界啊！不由想到，当年孔子曾专程赴洛邑拜见老子。回来后，孔子三天不讲话，弟子们问他见老子时说了些什么，孔子感叹道：我竟然见到了龙！龙，"合而成体，散而成章，乘云气而翔乎阴阳"，我"口张而不能合，舌举而不能讯"，又怎么能规谏人家呢！面对酒，我们如果想去全面深入地掌握的话，那么更多的就只能是像孔子一样慨叹！

花間一壺酒

獨酌無相親

陳爭栽畫

| 通神之物 |

中国古代，人们信仰天、地、神明和祖先，认为酒有通天、通地、通神、通祖之作用，因此决定了酒之社会功用的超然起点——首推祭祀，是为"饮必祭，祭必酒"。从宗教和民俗意义上按照《辞海》的解释，祭：指祭神、供祖或以仪式追悼死者的通称。祭祀本义是指祭祀天神，祭神的地方，引申义为根据宗教或者社会习俗的要求进行的具有象征意义的一系列行动或仪式，其目的就是为了通天、通地、通神、通祖。人们在酒后无尽的幻想中无限地发挥自己的想象力、创造力和掌控力，克服在强大的自然力面前，往往自感渺小无力、人生短暂、灾难重重的软弱与无助，克服对世界因未知而带来的神秘与恐惧，去祈求力量和智慧、寻求心灵的寄托和慰藉，要在终极回溯中得人和天地万物的本源之道或进入本源一体，人神沟通。在此，酒的致醉功能往往使人们可能将幻想与现实混为一谈、融为一体，以为由此通过上天或祖先，在想象的世界中，将生理与心理、世俗和超脱、现实与理想、物质与精神、个体和宇宙连接了起来。

把酒当成通神之物，与古代人的一般认知有关。认为酒可以慕仰神明的德行，通悟世间万物的奥义，是具备承载精神意念之物，以某种不为人们所知的形式存在着超然的功能。因为酒是用粮食这种天才地宝的东西炼制而成，其属性不凡，那么日积月累之下，酒这种东西就有机会自主产生神念，如果用之祭祀，则可以产生通神之功效，可以让人的意念和期盼传达到神灵那里。因此，酒在人类

文化中的角色，就已超越客观之物，有一种挣脱现实束缚的当下体验，在个体消失与世界合一的精神过程中获得快意，从娱神敬鬼的虔诚与狂欢中反映人间的享乐和幻想。

　　原始初民面对世界的一般认知，来自其向大自然奋争获取食物养生为首要目的，即所谓"民以食为天"是也。原始巫祝便是表达对生产、生活、围猎、丰收等活动的一种重要的精神愿望，是虔诚地祈福于"天"（超自然的力量）以求衣食保障的原始礼仪。而其"祭必酒，酒必祭"，充分地表达了酒在原始巫祝中具有神圣功能，这也是中国酒文化的"原点"。酒作为物质的饮食满足口腹之欲，同时赋予个体的人以精神层面的大自由、大解脱，将人的思想、精神与自然宇宙相沟通，以至达到相通于天地鬼神的境界。这两个功能，通过酒这一特殊的媒介，实现了"鸡毛蒜皮与天文地理"的完美统一。傅建伟著《我这样看待祭酒神》中表述，祭拜酒神，包含着酿酒人对天地神的敬畏，一种善待自然、和谐共处的理念。这是一种信仰，这种信仰也带给酿酒人一种力量，面对任何困难都恪守规范，老老实实做人，认认真真酿酒，尽人事，听天命。所以，中国的酒文化里面，实际上也包含了中华民族的传统文化里对于自然、社会、历史的一种看法，即"天人合一"的思想。

| 饮食态度 |

其实"无酒不成席"已是中国人的一种饮食态度，深深地烙印在国人的生活中。中华民族本是礼仪之邦，国人好客，"有朋自远方来，不亦乐乎"，酒在这人际交往之中成为一种很好的润滑剂。在某种程度上，酒似乎已经变成了生活中的必需品，柴米油盐酱醋茶开门七件事应该变成八件事，即柴米油盐酱醋茶酒。从古至今，上至宫廷达官贵人下至市井黎民百姓都饮酒。不管是天子赐宴，还是邻里对酌，虽然档次不同，气派迥异，但是觥筹交错，杯光碟影，交流思想，沟通感情的实质是一样的。作为极富感染力的饮品，酒早已扎根于民族深处，故古今中外的好酒之徒们对其宠爱有加。在当今社会，不论是生活休闲，还是职场上的宴会、餐饮，面对各种交际场合，饮酒甚至成为生活时尚运动。一杯酒下肚，就算相识；两杯酒下肚，就是朋友；一场酒宴下来，俨然是老朋友了。

| 社会礼节 |

在社会交往中餐聚，"无酒不成席"与酒是最高的礼节形式之一相关。通过饮酒，可以把人相互拉近，增加了解，融洽感情。俗话说，你敬我一尺，我敬你一丈。在不讲职业、政界的酒席中，甚至"划拳无父子"，就可推心置腹地交谈，有利于协调人与人之间的关系，而且酒的交往名目繁多，其它东西无法可比，不可代替。比如，接风酒、洗尘酒、辞行酒、送行酒、荣升酒、庆功酒、新婚酒席、升学酒宴，还有压惊酒、消愁酒、康复酒等等，不一而足。任何酒宴都可以说出不同的、颇有深情的、得意如愿的祝酒词，真是水酒无情人有情，酒乃人情水啊。

链接

古代酒书

关于酒的著述，信手拈来即可盈屋，这里约举一二，不分年代顺序，不作类型分别，只是管窥蠡测，让大家有个印象。周公作《酒诰》，卫武公作《宾筵诗》，王珉写《甘露经》，王绩有《酒经》，窦苹有《酒谱》《酒录》，郑遨也有《酒谱》，徐炬也有《酒谱》，葛澧亦有《酒谱》，刘炫作《酒孝经》，朱翼中作《酒经》（一名《北山酒经》），李保《续北山酒经》，皇甫松《醉乡日月》，侯白有《酒律》，阳曾龟有《令谱芝兰》，赵景有《小酒令》，高允有《酒训》，刘乙写《百悔经》，胡节还写《醉乡小略》，窦常作《贞元饮略》，韦孟作《酒乘》，田汝成作《醉乡律令》，还有《酒浆》《白酒方》《秘修藏酿方》《东坡酿酒经》《食图四时酒要》《酒史》，等等，不一一列举了。

| 社会动力 |

一个人如果老是被约束，非礼勿视、非礼勿听、非礼勿言，这也不能想，那也不能干，再搞一个"仁者，二人也"，还没做事，先看看周围人的眼色，你说这个社会的创造力从哪里来？也就失去了一种社会进步的可能的动力。而人类社会又必定是理性的，在人与人之间肯定要有一种相互的约束，不然岂不乱套。不管任何时代，不管是开明的社会还是暴君统治的社会，人与人之间都会有一种制度的约束。卢梭的说法就是一种契约，能做什么，不能做什么，这是必须清楚的。中国人讲仁义礼智信，三纲五常，君君臣臣、父父子子，都说的是一种基本伦理的规范。在这种必然的情况下，人类社会需要进步、需要追求发展，实际也是如此，进步发展由各种因素所决定，比如生产力发展，科学技术的进步等，而其中之一，即"酒"在其间也有着特殊的作用，它在人的思想精神自由和社会行为约束之间产生一种微妙的平衡，发挥着精神方面的动力作用，有时其作用还是很大的。

酒的精神动力作用，实际上与酒的致醉功能相关。酒的这种致醉功能，在

一种比较理想的状态下，也就是在精神自由与行为约束之间寻找一种平衡状态。饮酒亦然，人们一般称之为"微醺"，是一种很好的状态。喝到很愉快的时候，能够予人以心情的放松和愉悦，进而使人进入一种飘飘若仙的境界，往往让人产生一种感觉，似乎酒后的人更聪明，马克思甚至说，"不喜欢酒的人永远不会有出息"。似乎可以说，酒在对社会的推进方面，就在它的创造力，缺乏了迷狂激情，就不免昏庸颟顸。清末，戴鸿慈和端方出使德国后，对德国推崇备至，尤为钦佩德国人的创造力，说德国人"无酒则无不以服从为主义"，就认为这和德国的啤酒文化有关。此种说法，颇有意趣。

人们所见"酒入愁肠愁更愁"的情形，究其在精神上的作用，应是一种思想上的放松，甚至是情绪上的彻底宣泄。这种宣泄，也确实使人在精神自由与社会约束之间得到某种平衡，在人的精神世界与现实生活的矛盾之间，可以起到相当的调和作用，更重要的是还可起到阶段性的挣脱约束而推动某些方面发展的作用。

| 祭祀祖先 |

　　对普通人来说，每逢年过节最为重要的活动恐怕非祭祀祖先莫属。祖先崇拜是中国人的信仰之一，这种祭祀一般是离不开酒的。民间在祭祀时，我们可以看见，主祭人会倒上一杯酒，或者是洒在地上，或者用手指蘸一点来弹一下等等，这些礼数总不会少的。其中的奥妙是以酒为媒介来"通祖"。祖先崇拜意味着人们相信，自己的生命是从遥远的祖先那里传承下来的，又将向着未来传承。这样，个体就突破了当下时间的局限，置于从过去到未来的永恒的时间之流中。个体生存因此而具有了意义。也因此，祖先崇拜具有重大的社会功能，曾子的一句话对此作了很好的概括："慎终追远，民德归厚矣。"祭祀的礼仪可以在人际空间上建立起某种关系。通祖多半是通过祖先崇拜来完成，堂屋或专设房间中的祖先牌位，即是其表征符号。中国传统文化中的祖先崇拜，是古代宗教从自然崇拜上升为人文崇拜的表现形态，具有本族认同性和异族排斥性，人们也相信其祖先神灵具有神奇超凡的威力，能够庇佑后代族人并与之沟通互感。人死后灵魂何在？中国民间普遍的看法为：往阴曹地府去了，留在坟墓里或是回祖先牌位。到阴间、坟墓的灵魂是鬼，回祖先牌位的是家神，是半神半鬼，让人敬畏，可以说，中国人"通祖"的形上学意义很大程度上在于，借着祖先崇拜得到神灵对自己的保佑。

繁必潤

酒必繁

文業題

| 酒后真言 |

酒后吐真言，也表现真性情。20世纪90年代，某地的一位头头，每次开会商议重大事项时，事先不通知，总在会前把参会人员喊到一起来吃饭，并亲自给每个人大杯斟酒，喝得微醉后再开会，说要听真话。这个法子常常还挺管用，参会人发言都挺利索，特别是开展批评与自我批评收效甚佳，议事总也较为顺畅。

语言和性情在酒后较好地结合在一起，古今文学作品中因酒而留下的数不胜数的佳话佳句，大多是酒后的真言真情。比如，诗仙李白"斗酒十千恣欢谑"，其"人生得意须尽欢，莫使金樽空对月"的豪情倾倒了古今多少英雄好汉；一代枭雄曹操"何以解忧，唯有杜康"让人感受到了人生的无奈对谁都是公平的；有甘愿清贫的陶渊明，不为"五斗米折腰"，把酒"隔篱唤舍翁"，畅饮自家佳酿；有"艰难苦恨繁霜鬓，潦倒新停浊酒杯"一生郁郁不得志的诗圣杜甫，在穷困潦倒之时也竟发出"安得广厦千万间，大庇天下寒士俱欢颜"的呼吁，让后人为之敬仰。

| 避　席 |

　　酒席上，喝酒的人从坐的位置站起来，到另一个人的那个地方去敬酒。一个是礼节上表示尊重，另外是两个人好进行比较私密的交谈，实际上它的社会交往功能很明显，这是很重要的。所以这和它的社会功能是联系在一起的。比如，有些话当着众人不好说，不喝酒时不便说，正好借酒这个东西，乘着酒意说点"悄悄话"，两个人的感情一下子就拉近了。因此，"避席"既是礼数，更是社交之需要。

链接

雅号

　　朋辈角饮如两军对垒，便有了唐代的"酒兵"之称谓，后演化成为"酒军"。而"酒仙""酒神""酒圣""酒龙"等雅号，更为好酒者所津津乐道。酒仙是对嗜酒者的美称，当时有以李白、张旭为代表的"醉八仙"，杜甫就说李白"自称臣是酒中仙"，即使皇帝召见，也要奚落一番。而张旭则是"善草书，好酒，每醉后，号呼狂走，索笔挥洒，变化无穷，若有神助"（《杜臆》），时人谓云"草圣"，三杯酒下肚，管他什么王公大人，全不放在眼里。酒龙、酒神、酒圣皆指豪饮之人——陆龟蒙《自遣诗》云"思量北海（孔融）徐（徐邈）刘（刘伶）辈，枉向人间号酒龙"；冯贽《云仙杂记》云"酒席之士，九吐而不减其量者为酒神"；李白《月下独酌》诗写的是"所以知酒圣，酒酣心自开"。还有一种嗜酒成癖的人，被称为"酒魔"——白居易《斋戒诗》直白："酒魔降伏终虚尽，诗债填欢亦欲平。"

曲水流觞

文世 题

| 酒极则乱 |

　　太史公虽不懂辩证法，然他似乎已知道矛盾会向相反方向发展，在《史记·滑稽列传》中，司马迁告诫："酒极则乱，乐极则悲。"遗憾的是，许多现代人对太史公的话不以为然，在宴饮中常常要"酒极""乐极"，不到"极点"，便不罢休。其结果常被太史公不幸言中：喜剧变成悲剧。从历史文化的角度探究，"酒极则乱"还有其更深刻的含义。如有人解读"文革"，就出于尼采的学说，名之为"酒神的狂欢"。宣称"上帝死了"的尼采，对酒和酒的致醉功能从哲学角度提出了"酒神精神"之说，认为人类是崇尚酒神精神的，这是"为了超越恐惧和怜悯，为了成为生成之永恒喜悦本身——这种喜悦在自身中也包含着毁灭的喜悦"（尼采：《偶像的黄昏》）。就亲历"文革"者而言，其理之一在于，人们失去理性、没有节制放纵的、追逐狂放之"极点"的时候，其后果尽然是灾难性的。

| 酒之德行在礼乐 |

中国酒文化的两大基石，应是"酒以成礼"和"酒以为乐"。《论语·泰伯篇》云："兴于诗，立于礼，成于乐。"礼，教之以理，敬之以物；乐，动之以情，配之以器。酒礼中的酒行之于社会，必然被赋予社会文化含义，成为文化交往、交流、承传的一种"礼品"（礼酒、祭酒），只有受馈赠或受敬奉的对方把它还原为一种可以致醉的饮料而成为"食礼之冠"的时候，酒才真正实现了它第一义和终极义的目的。在中国古典词汇中，乐（音乐）、乐（快乐）同字。礼乐之邦既是指灵与肉，理智与情感，欲望与节制相统一的国度，亦可标志法制与艺术，道德与诗学相融合的文化。礼与乐从来就是两相对应的一物之两面，须臾不可分离，而酒在其中的发生意义上的基础作用和推动作用也是如影随形的。百礼之会，非酒不行。荀子明确地把《礼记》的礼和《周礼》的礼简化成一个"分"字——"礼者分也"，礼就是分，定分止争，才会和谐，才能合作。荀子通过这个定义把中国古代社会学提高到光辉的高度。所谓的"分"，有两种分法：一是分财产，把财产分清就结束人类的纷争，这是法家想走的路径；二是荀子说的在群体里分等级。权威在上、服从在下，责任在上、享受在下，这是儒家的核心安排。所以，酒在礼中具有很大的作用，礼对酒也形成一些规范和约束。

| 生命哲学含义 |

　　酒神精神是人类本质的折射与外化，是人复杂情绪的骚动与勃发。对人类而言，生死律动时时刻刻在折磨着人们，唤起人类强烈的生命意识。怎么生，怎么死，何时生，何时死，对生与死的忧惧，以及对"在生"状态的种种体验，都是个体生命流程所涉及的内容。尽管在人类强烈的生命意识中，个体显得是非常卑微、孱弱，可人类的心理层面对自然律的反映却并非被动，在看待始生终死的生命流程问题上，求再生、求永恒的祈愿化作了一种锐不可挡的心理动力，是一种生存抗争力量。但是现实人生不可能给每一个个体生命提供足够的历史与社会空间，于是酒神精神在此可大展身手了。酒神铸就的醉境的陶醉，把人类意识的深层忧惧意念化，让人进入浑然忘我之境，生与死，醒与醉交织成一支雄浑恍然的人生交响曲，把个体的人"置"于始生终死这个生命流程的任何一个"点"上，显示其特别的文化哲学意义。我们稍加注意即可发现，不少哲学思想流派，常常拿酒来举例，以说明他们的某些观点。为什么不拿其他东西来举例呢？偏偏用酒？而且流传几千年，皆因酒给人的感受和刺激太多样化，酒对于哲学家来说，也许有两点让他们特别感兴趣，一是酒在日常生活中不可少，二是酒确实比较奇妙，能够激发热情，激发想象力，"醉后乾坤大"，能够通天通神。

| 向往超能力 |

有一篇小说和一部电影，分别是卡夫卡的小说《变形记》和李安执导的电影《绿巨人》。都以小人物、普通人为主角，前者是人的悲剧，后者是人的喜剧。表现了现代到后现代的一个演进历程。无助的甲虫内心祈望人们的同情、关爱、友谊、理解、和睦相处；庞大的绿巨人傲视一切，无坚不摧，天马独行的个人凌驾于人群之上，一种人类心灵深处的物极而反的情绪。二者共通之点在于，他们都太需要超能力了！酒可以在此大显神威，它带给人的想象力是一种无穷向往，其内涵，实际上是一种创造动力，核心就是想获得一种巨大的超能力。酒的超能力在想象的世界里可不比一般，看这幅对联："酒气冲天飞鸟闻之化为凤，糟粕落地游鱼得味变成龙。"向往和获得超能力，在影视作品里表现得非常多，中国的"武侠类"作品、西欧的"科幻类"作品皆然，其超能力多少与酒后的精神感觉状态有关，往往是在酒的状态的作用下，强力推进想象力来完成的。爱因斯坦说"想象力有时比知识更重要"。因为酒作用于想象力，那么似乎也可以说酒的状态有时比知识更重要。

超能力往往在与须臾离不开酒的祭祀中爆发。祭祀的真正思维是在终极回溯中得人和天地万物的本源之道或进入本源一体，人神沟通，上下交灵的精神境界。人们在祭祀中期望通过上天或祖先的庇佑，获得一种巨大的超能力，在这里酒的致醉功能无疑为其提供了最佳的媒介，在酒后的状态中，理想与现实、生理与心理的两端得以沟通，人们此时感觉到的超能力应是非比寻常。"志气旷达、以宇宙为狭"的魏晋名士、第一"醉鬼"刘伶在《酒德颂》中言："兀然而醉，豁然而醒，静听不闻雷霆之声，孰视不睹山岳之形。不觉寒暑之切肌，利欲之感情。俯观万物，扰扰焉如江汉之载浮萍。"这种能力超常的"至人"境界，应当是中国酒神精神的一种典型体现。

| 社会意义 |

在中华民族几千年的文明史中，在社会生活中的各个领域都可闻到酒香。中国在历史发展中，长期是以农立国，一切政治、经济活动都以农业发展为立足点。而酒大多以粮食酿造，紧附于农业，为农业经济的一部分。酒业兴衰与粮食生产的丰歉密切相关，统治者按粮食收成情况，通过发布酒禁或开禁来调节酒的生产。酒业的繁荣，对一些地区的社会经济活动所起的作用关系密切，从历史来看，自汉武帝时期实行国家对酒的专卖政策以来，国家财政收入的主要来源之一，即是从酿酒业收取的专卖费或酒的专税。有的朝代，酒税与军费、战争、徭役及其他税赋相关，直接关系到国家利益。酒的利润丰厚，不同酒政的更换交替，反映了社会各利益阶层力量的对比变化。酒的赐酺令的发布，往往又与朝代变化、帝王更替，及一些重大的皇室活动有关。酒作为一种特殊商品，对一般民众而言，更多地采用了实用主义的态度，青睐于酒的三大作用——"酒以治病，酒以养老，酒以成礼"。在心理方面，则把"酒以成欢，酒以忘忧，酒以壮胆"作为自己在生活中不可缺少的功用。

酒文化片羽　雷珍民

| 激发创造力 |

一个著名的论断："天才与白痴仅一步之遥。"白痴的行为，颠三倒四，毫无逻辑，别人都搞不清楚他要做什么。天才的行为，在某种情况下，也类于此。在特定情况下，与某些特定事物相结合，就会突然迸发出智慧的火花，产生巨大的价值。这种原动力和酒能通神的精神自由是相通的。如果失去了这种狂放不羁，没有人敢于肆意想象，敢于打破一些看似合理，实质上已成为羁绊的事物，人类社会的发展步伐将会举步维艰。鲁迅先生在《魏晋风度及文章与药及酒的关系》一文中，就对酒之与中国文化、文人学士的广泛影响作了精要的阐发与描述，指出在中国美学史上具有独特地位的"魏晋风度"与酒的微妙关系。

以酒的致醉功能达到某种迷狂状态，获得想象的创造力，从而最大限度地达到思想的极度活跃，也是美之产生的助推力。有些学者甚至把这种迷狂状态称之为美生发的源泉，酒在对社会的推进方面，就在它的创造力。缺乏了迷狂激情，就不免昏庸颠顶。《红楼梦》《三国演义》《水浒传》《西游记》这些古典名著，其艺术表现淋漓尽致，惟妙惟肖，就与酒所激发的创造力有关，既是一种现实的创造力，也是一种想象的创造力。突破了一个人在当下的一般的社会规范约束，冲出了一般生活中的约束和凡例激发的一种创造与突破。

因醉酒而获得艺术的自由状态，这是古老中国的艺术家们解脱束缚获得艺术创造力的重要途径。酒醉而成传世诗作的例子，在中国诗史中俯拾皆是。

"醉里从为客，诗成觉有神"（杜甫《独酌成诗》），"俯仰各有态，得酒诗自成"（苏轼《和陶渊明〈饮酒〉》），"一杯未尽诗已成，涌诗向天天亦惊。"（杨万里《重九后二月登万花川谷月下传觞》），"雨后飞花知底数，醉来赢得自由身"（南宋政治诗人张元干），"年年雪里，常插梅花醉"（李清照《清平乐》）。

在中国的绘画和书法中，酒神的精灵也是活泼万端。郑板桥的字画不能轻易得到，于是求者拿狗肉与美酒款待，乘醉而求字画者往往如愿。他并非不知，而是耐不住美酒狗肉的诱惑，于是写诗自嘲："看月不妨人去尽，对月只恨酒来迟。笑他缣素求书辈，又要先生烂醉时。"吴道子在作画前必酣饮大醉方可动笔，醉后为画，挥毫立就。黄公望也是"酒不醉，不能画"。王羲之醉时挥毫而作《兰亭序》，"遒媚劲健，绝代所无"，而至酒醒时"更书数十本，终不能及之"。李白写醉僧怀素："吾师醉后倚胡床，须臾扫尽数千张。飘飞骤雨惊飒飒，落花飞雪何茫茫。"怀素酒醉泼墨成就《自叙帖》。张旭"每大醉，呼叫狂走，乃下笔"，留下了"挥毫落纸如云烟"的《古诗四帖》。

试想，如果没有人们从饮酒中获得的巨大想象力和创造力，卷帙浩繁的廿四史必将枯燥许多，历朝历代的社会生活必将寡淡许多。

| 文化的象征 |

　　酒的历史几乎是与人类文化史一道开始的。中华民族五千年历史长河中，酒和酒类文化一直占据着重要地位。自从酒出现之后，作为一种物质文化，酒的形态多种多样，其发展历程与经济发展史同步，而酒又不仅仅是一种食物，它还具有精神文化价值。作为一种精神文化它体现在社会政治生活、文学艺术乃至人的人生态度、审美情趣等诸多方面。在这个意义上讲，饮酒不是就饮酒而饮酒，也可以说是在饮文化。很少有其他文化像中国文化那样以饮食为主导，中国版本的享乐主义——美食，其中饮酒即是极重要的部分。

　　因此，中国文化似乎可以看作一个中庸的整体，既是享乐的又是道德的。莫言小说《酒国》从文化颓废的反讽来描写饮食，而酒作为精神颓废的标志既是对现状的拒绝又是对自我意识的逃离。小说人物李一斗大端洋式地说："人为甚么要长着一张嘴？就是为了吃喝！要让来到咱酒国的人吃好喝好。让他们吃出名堂吃出乐趣吃出瘾。让他们喝出名堂喝出乐趣喝出瘾。让他们明白吃喝并不仅仅是为了维持生命，而是要通过吃喝运动体验人生真味，感悟生命哲学。让他们知道吃和喝不仅是生理活动过程还是精神陶冶过程、美的欣赏过程。"这里，醉倒或丧失精神和肉体的拯救能力，成为唯一的真实。小说描写丁钩儿道："有人走向朝阳，他走向落日。"

| 精神性象征 |

在《酒国》中，酒在其社会生活中起着决定性的作用。不过，这种社会功能是悖论式的，正如莫言给李一斗的信中所讲的："人类与酒的关系中，几乎包括了人类生存发展过程中的一切矛盾及其矛盾方面。"同《红高粱家族》里余占鳌（我爷爷）相反，丁钩儿和莫言的醉决然不是自愿和预料的结果。他们在宴席上被迫饮酒而醉，成为酒的受害者，更准确地说，成为供酒者的受害者。尽管不是出于自愿，他们不得不加入到这个酗酒的社团中去，抛弃了社会的秩序和心理的完整。丁钩儿酒醉后甚至分裂了灵魂和肉体，在第一人称和第三人称之间摇摆不定，丧失了自我的同一性。酒于是由享乐的源泉转化成道德沦丧和历史衰微的源泉。

《红高粱家族》里，酒展示的是"解放"功能，酒成为打破社会枷锁或反抗侵略者的勇气的源泉，被用作"最有效"和"最有趣的的转换痛苦的方法……作用于我们的机能上（弗洛伊德语）"。《红高粱》的美学风度可以概括为酒的风度，是一种奔放、洒脱、自由且又挟带着狂热的艺术境界。我们审视酿酒、出酒、兑酒、燃酒、祭酒、饮酒、醉酒、酗酒的场面，审美心理可以接受艺术创造者和艺术对象所传达的情感信息与符号，获得精神的愉悦感。这里，酒成为一种精神性象征，是内心被压抑的欲望与苦闷的宣泄，显现心理的旷达、自由洒脱或情感的缠绵愁苦、抑郁哀伤，酒使"豪华落尽见真淳"（元好问），借以表达、抒发内在心绪。

| 酒神的狂欢 |

人在酒的世界里获取超能力，更多的是一种超能力感，实际上是一种极端的自我感觉和感受创造的一种东西，是一种精神的东西，一种想象的东西，当然也是可以在一定条件下转化为现实力的东西。从历史文化的角度来说，酒在这方面的作用之大，应该还有一些更隐晦、更深刻的含义。比如说文化大革命，有人在利用尼采的学说解读的时候，就认为是"酒神的狂欢"。这是一种对抗理性、挣脱理性的表现。如果真把"文化大革命"解读为酒神的狂欢，那么，这种狂欢留下的后遗症对一个时代，对一个民族所造成的价值的颠倒、文化的缺失，乃至人性的颠覆，是很难在短期内愈合与重构的。二战时期，日、德癫狂似的酒神之狂欢，把这种酒神的狂欢推到了一种歇斯底里的极致，把世界灾难、人类灾难推到了一种无以复加的极致。失去理性是为酒之为过，也就是酒之通神，如果换来的是没有节制的自由或放纵，在没有基本的、基础的礼的约束之后，必将酿成极大的祸患，祸国殃民，祸及人类，殃及地球。

| 天下任君游 |

　　人与人之间的感情交流，常常因为宴饮而加深，因为美酒而得以滋润。酒对于营造宴饮的融洽氛围的作用是显而易见的，但需要注意的是，必须把握"度"，在饮酒这件事情上，最能体现"过犹不及"。可是，要把握好这个度却有相当大的难度，种种劝酒甚至逼酒很难避免。比如，"宁伤身体，不伤感情""不喝不够朋友""不喝不尊重上级""不喝对不起领导"，会喝的喝，不会喝的也得喝，似乎到了不喝不行，非喝不可，不喝办不成事情的地步。适量饮酒有益健康、有益感情。过量饮用绝非好事。酒后失言伤害同事感情，酒后驾车引发交通事故……明知道被敬者不能喝过量的酒，而偏要劝对方喝，应是酒文化中的糟粕。

　　从大道理上讲，喝酒算不上"大事"，却事关个人修养，应该大力倡导充满人情、文明优雅、健康向上的酒风。尤其要把握好饮酒的"度"，把握喝酒的分寸，追求喝得恰到好处，把酒作为人的感情的良性催化剂，恰如内蒙古草原人的敬酒歌："美酒倒进白瓷杯，酒到面前你莫推，酒虽不好人情酿，远来的朋友饮一杯。"亲朋好友、新交故知，彼此敞开心扉，释放情感，表现真诚、坦率、豪爽，激发全新感受，让人情绪高涨，妙语连珠，热情友好，尽情欢娱。借助于酒精的作用，让人在适度饮酒中进入一种愉悦的境界，实现"饮酒有度者，天下任君游"。

翩翩起舞的精灵
——诗性酒文化

古人感叹："酒之为用也大矣。"在文学艺术的想象王国空间，喝那么几杯酒，放松身体，放松思想，从而进入艺术创作的自由状态，是艺术家挣脱精神束缚获得艺术创造力的重要途径。在古代诗人笔下，酒何其神妙。《诗经·周南·卷耳》有句：

陟彼崔嵬，

我马虺隤。

我姑酌彼金罍，

维以不永怀。

陟彼高冈，

我马玄黄。

我姑酌彼兕觥，

维以不永伤。

说的是："攀那高高土石山，马儿足疲神颓丧。且先斟满金壶酒，消除离思与忧伤。登上高高山脊梁，马儿腿软已迷茫。且先斟满大杯酒，免我心中长悲伤。"陶潜直言"悠悠迷所留，酒中有真味"；杜甫叹曰："宽心应是酒，遣兴莫过诗。此意陶潜解，吾生后汝期。"饮酒致醉，在文人这里的确可以放松，更多是把精神和情感放到相对自由的空间里畅游，还不时会有意想不到的灵光闪现。

| 酒行于文 |

　　中国文化根柢属农耕文化，用粮食酿造醇酒历史悠久，源远流长。在甲骨文中便有了"酉"（酉：古"酒"字）的记载。酒所具有的致醉功能使人进入一种独特的感觉世界，并由此而在历史的思想精神发展长河中形成了独具特色的文化现象——酒文化。由于与文学创作最重要的心境之一"迷狂"和想象、激情等因素相吻合、相联系，是以酒与文学结下不解之缘，也为文学创作提供精神动力。辛弃疾放言"醉时拈笔越精神"就说得相当到位。在中国文学史上，酒文之缘的例证不胜枚举，著名的如李白"岑夫子，丹丘生，将进酒，杯莫停"，"会须一饮三百杯"的酒文气度；曹操"对酒当歌，人生几何"，"何以解忧，唯有杜康"的酒文慨叹；而陶潜，则写出"篇篇有酒"的意韵隽永之诗，言"悠悠迷所留，酒中有真味"，诗圣杜甫对此"心有灵犀一点通"，叹曰："宽心应是酒，遣兴莫过诗。"酒诗、诗酒，酒与文难解难分，以此纵观中国古典文学，在一定

程度上、在相当范围内，真可谓"无酒不成文"。古往今来，一个酒字，倾倒了多少文人墨客，留下了几多千古佳话。纵观酒的发展史和中国文学发展史，二者结合得竟是如此紧密！从最早的文学著作《诗经》开始，直到震惊世界的《红楼梦》，三千年来的文学著作中，几乎都离不开酒。无论是李白的举杯邀月，还是王维的西出阳关，兰陵美酒泛出的琥珀之光，再到现代诗人艾青赞美酒为"火的性格，水的外型"，这醇香的酒味中无不透露出了浓浓的文化味。

而正如酒和酒文化对文学创作产生影响一样，文学对酒和酒文化的影响也是明显的。通过文学作品对饮酒方式、饮酒口味、饮酒风习的记叙，后世饮酒之风习受到的影响是巨大的，在很大程度上，文学担负了酒文化的承传递代的历史任务，品赏文学作品中的酒，可以说，既是一种文学的话题，更是一种很有延展性的文化品赏。

| 诗酒之缘 |

　　诗酒缘多有精妙闪烁，刘扬忠《诗与酒》对此有独到的研究。其深含的睿智和人生博大的胸怀，读之令人解颐。酒与诗被放到了独特的精神文化现象层面上加以考察，并以此作为阐述研讨的视角，表现出了独特的理论眼光和厚实的学识功底。《诗与酒》显然受了鲁迅先生和王瑶先生思想态度的启发和影响，而出于对整个诗歌史的特征和规律的思考，在做"诗与酒"这个题目时，把研讨的范围从鲁、王已论述过的魏晋南北朝扩大到自先秦至晚清的近三千年中，从影响诗酒结缘的历史因素娓娓道来，翔实地剖析了《诗经》《楚辞》开写酒之先河、汉代的借酒解忧和以酒催诗、魏晋风度使诗与酒打成一片、初唐对魏晋风度的倾慕、气凌百代的盛唐诗酒客、由豪转哀的中唐诸子、忧世避世的晚唐五代之歌、宋代追求心灵安适和审美愉悦的清雅之饮、明代的浪漫酒风、文网钳制中的清代诗酒和酒文化与诗人心灵的多重契合等，可以说透视了诗与酒、酒于诗之最一般规律和深层关系之内在质素。个人体味，诗酒缘的情趣，很喜欢萧风先生《醉在阿瓦提》的句子："诗与酒相遇，就像柴与火相拥。/ 燃烧，是存在的唯一理由。""酒醉了，杯还醒着；/ 人醉了，诗还醒着。/ 在踉踉跄跄的醉意里，诗比梦跑得更快！"

惟酒無量不及亂

文世美題

雅致红楼

　　具有史诗性质的巨著《红楼梦》，对酒的表现是一种"雅"的形态，在贾、史、王、薛四大家族贵族生活的兴衰演变过程中有着极强的艺术表现力。书中写酒宴七十多处，凡饮酒，必作诗，对对子，可谓千姿百态，千娇百媚，风情万种。第四十回写到鸳鸯作令官，喝酒行令的情景，便描写了是时上层社会喝酒行雅令的风貌。第四十一回写了众妇女老少各自行酒令饮酒，兴之所至，便请戏子演戏的情景。第二十八回写了一个雅俗咸宜的酒宴，把酒与生活、文化、人物性格等因素胶着在一起，意韵悠长。贾宝玉、冯紫英、蒋玉函、薛蟠及歌伎云儿一起喝酒行令，宝玉、紫英先行了"雅令"，云儿则唱出富有挑逗性意味的性感曲；而"呆霸王"、大草包薛蟠也附庸风雅，咏出"女儿喜，洞房花烛朝慵起"的句子，唱出"一个蚊子哼哼哼，两个苍蝇嗡嗡嗡"的"哼哼韵"来——真是情趣纷呈。书中所体现的"酒以为乐"之"乐"，兼具身、心两方面快乐愉悦的含义，即身体因醇酒而变化，心理因环境及酒令、音乐和生理的变化等因素的促进

而获得审美愉悦，心理上生出具有快感与美感相兼的醉感，其方式可以概括为集酒与才情于一体的"娱乐"。

这里写到音乐与饮酒相互促进，引发性情的妙处，如此且酒且乐，因乐而酒，酒乐相生，很好地显出了红楼饮酒的别致情调，说明着"酒以为乐"之"乐"兼快乐与音乐二义的道理，并且，通过饮酒还把人世情爱，社交友谊，天伦之乐等世情表露得极自然、贴切、细腻和生动，其社会生活情味极浓。由此，似可得到这样一种认识：作为一种尽情的享乐，酒使生命中的情绪和情感自由地挥洒，把生活向畅快淋漓的感悟焦点凝聚，使人忘我地也就是具有相当审美意味地享受现时生活给予的一切。尤为深刻之处还在于，虽然其表面上颇具审美欣喜的气氛，但处于这一氛围中的主人公阶层内里的空虚和大厦将倾的意向却也包含其间，预示了四大家族的衰落。

｜乐极生悲｜

　　《红楼梦》的饮酒全在一"乐"字，表现出一种情调、雅趣，尤其是饮酒过程中多有花样百出的"酒令"，更增其雅趣之韵致。酒令是中国人在筵宴上助兴取乐的雅致游戏，诞生于西周，完备于隋唐。《红楼梦》中的酒令最有特色的是以语言文字为游戏的酒令，或射覆，或联句，或命题赋诗，或即兴笑话，不一而足，将文化娱乐及才情睿智融于聚饮的食文化之中，很好地表达了《礼记·乐记》所谓"酒食者，所以合欢"的认识。《红楼梦》又名《石头记》，其故事主线由女娲氏炼石补天后余下而弃在"青埂峰下"的、被茫茫大士渺渺真人携入红尘，引登彼岸的"石头"串缀。其空间氛围，则如梦如幻。那顽石，就是口含"通灵宝玉"降生的贾宝玉。这位家境优裕，万千宠爱集于一身的主人公在封建大家族内，由于各种原因，他茫然无所归宿，尽管饱食终日，却知音难遇，终于借酒唱出了心中之人生的苦闷心情（第二十八回）：

　　　　滴不尽相思血泪抛红豆；

　　　　开不完春柳春花满画楼；

　　　　睡不稳窗风窗雨黄昏后；

　　　　忘不了新愁与旧愁；

　　　　咽不下玉粒金波噎满喉；

　　　　照不尽菱花镜里形容瘦；

　　　　展不开的眉头，

　　　　捱不明的更漏；

呀!

恰便似遮不住的青山隐隐，

流不断的绿水悠悠。

《红楼梦》"酒以为乐"的归宿于此透露了消息，是为"乐极生悲"。红楼家族在七十五回以后迅速中落，其乐极生悲之状笼罩了整个故事的发展进程。《红楼梦》的饮酒叙述，相当虚幻空灵，极写饮酒之娱乐，将才情志趣，个性化的因素与酒宴联结得天衣无缝。在对待个体生命流程上显示出明显的超越性和非实在性。贾宝玉的空幻思想，严重的失落感、孤独感能很好地说明这个问题。在一片酒乐之中，他与众姊妹相处得如漆似胶，趣味横生。但是，无论是对黛玉的偏爱还是对众姊妹的博爱都不能使他真正自救于孤寂落寞之中。对于生命存在的无可依傍的焦虑始终浮动在他的心灵之中，他早熟地领悟到世界的非实在性和生命存在的虚幻性，从乐极之中生悲。他的痛苦之源无疑来自对生命流程的深层忧惧，他试图处于"在生"来对"生"进行反思与控制，以达到较高的精神境界，却由于无法超越"自身"而深深地陷入新的苦痛之中。因此在饮酒娱乐的表象背后，是对生命流程的一种超越性"介入"的意识。将生命流程的精神情感的体验延展到"现时"之外，让人感悟到生命的真正意义和价值可能在生命的终点处，"死"才是真正的"生"。宝玉幻灭后走向荒漠，归彼大荒，逃离红尘，走向"极乐界"，与小说的缘起恰好形成一个轮回，其环型结构描述着"生便是死，死便是生"的思想，印证了对生命的红楼式体验。

| 谋略三国 |

在《三国演义》里，酒表现为一种"谋"的形态。其"醉翁之意不在酒"，乃严酷的政治斗争和军事斗争环境所使然。书中写到宴饮近三百次，其中直接的"以酒谋事"的就有28次之多，占饮酒总次数的10%，处处散发着浓浓的谋略之气。可以说，在一定程度上，酒乃"三国"中政治家、军事家、官僚政客进行斗争的重要武器。

深谙酒之功用三昧，而又有明确表述的，当数诸葛亮，他的那套知人识人的"七观法"，其中之五即是"醉之以酒而观其性"。七法为：

问之以是非而观其志，

穷之以辞辩而观其变，

咨之以计谋而观其识，

告之以祸难观其勇，

醉之以酒而观其性，

临之以利而观其廉，

期之以事而观其信。

这里提到的"性"，应理解为人们通常说的"性情"，如某某人性情如何等等。一个人的性情，简单说，内蕴其性格、习性和思想、情感。酒的致醉功能让人的大脑意识被麻痹，甚至可致不知所以而"酒后吐真言"，在无意识中把清醒时隐藏的秘密吐露出来，将其真性情暴露无遗。因此通过酒后来观察一个人真实的内心世界及其本真性情，不失为一个有实用价值的办法。不过，有一个道理也是需要很好参悟的，即"善饮者未必不善事，不善饮者未必善事"。

| 杯里春秋 |

凡说到酒的地方，都含有谋略，这是《三国演义》的特色，充分体现"醉翁之意不在酒"而在酒作用后往往收到奇效的表达。杯酒成谋略，盅盅是陷阱，在《三国演义》里随处可见。诸多脍炙人口的故事，酒扮演着重要角色，都是三国中那些政治家、军事家、官僚政客手里的得力武器。

曹操之用酒，也应是一种悟性，最集中地代表了《三国演义》对酒文化中酒之悟性的一种人生世事的阐释。这个因奸而雄、雄中蕴奸的"奸雄"曹阿瞒，于月白风清，霸业在望之夜，也且舞且歌，慨叹"对酒当歌，人生几何"，"何以解忧，唯有杜康"，道出了众人认可的酒文化之一大特性。从根本上看，曹公并不是在"饮"酒，而是在"用"酒。他把酒作为谋略智术的道具，包含其"人生慨叹"，也是其"形象包装"的重要工具，玩得娴熟无间，最终完成据天下为己有的霸业。他对酒的态度，全然因了战争之需而牺牲掉了"酒食者，所以合欢"（《礼记·乐记》）的原始意义。

曹操明白，对抗竞争中，了解对手的内在隐秘和争取人才以为己用，是致胜的两个最重要因素。利用酒的致醉、陶醉功能来达成目的，不失为一个很有用的手段和途径，曹阿瞒无疑深谙此道。《三国演义》中的用酒典范之"煮酒论英雄"和"温酒斩华雄"，皆曹操精心设计、用心所为，权谋智斗之较量，尽在一"酒"之中。曹操两次置酒划谋，皆因对手非等闲之辈而未获全功，但其用酒之巧智、老道、内敛深沉，却为兵家权谋之事和中国酒文化抹上了精彩的一笔。

| 青梅煮酒 |

　　曹操利用酒的致醉功能以窥探对手刘备的霸业心向，《三国演义》中描写为"青梅煮酒论英雄"。曹操和刘备两个英雄人物，一个长歌当啸，豪气冲天，指点群雄，激扬文字；一个寄人篱下，忍气吞声，装孬卖傻，委曲求全。是日，二人以青梅下酒。酒正酣时，天边黑云压城，忽卷忽舒，有若龙隐龙现。曹操实乃世不二出的绝顶人物，借物咏志来一番自我剖白，以描述龙之变化来说"人得志而纵横四海"，同时借题发挥而追问："玄德久历四方，必知当世英雄。"显然，这是他借酒下了个套，试探刘备——在你眼里，什么人能纵横四海，比得上我曹操。刘备何许人，会上这样的当？他也借力发力，似发"酒后真言"，接连指出袁术、袁绍、刘表、孙策和刘璋等地方豪强。这个回答应该是个高分，因为在当时形势下，哪个人不会如此回答呢？曹操一世英雄，也被蒙了，认为刘备见识一般，和常人无异。接着曹操说出了"当世英雄"的标准："夫英雄者，胸怀大志，腹有良谋，有包藏宇宙之机，吞吐天地之志者也。"刘备继续装傻："谁能当之？"曹操指了指刘备，后指了下自己，大言不惭地说："今天下英雄，惟使君与操耳！"此语一出，玄德闻之大惊，手中的筷子都掉地上了，好在是时雷声大作，便装作很惊吓的样子，说："一震之威，乃至于此。"曹公笑着说："丈夫亦畏雷乎？"刘备接口："圣人迅雷风烈必变，安得不畏？"将内心的惊惶，巧妙地掩饰了过去。好一场险奇的酒局！从曹操的"说破英雄惊杀人"到刘备"随机应变信如神"，可谓步步玄机。这场酒局，远不是那种你好我好大家都好的欢聚，分明是一场充满杀机的政治试探和政治表态的会面。如果把这一酒局看作一场政治交心活动的话，应该说双方都是赢家。

眼前一尊又長滿　不到識狂歌到白頭

唐人箫後咏酒　選自盧書錄

| 温酒斩华雄 |

　　曹操利用酒的陶醉功能笼络人心、收罗人才，在第五回"温酒斩华雄"一节中有精彩的描写。当时的关羽地位卑微，请求出战名声显赫的大将华雄，诸将皆表怀疑且不以为然。曹公力排众议，"教酾热酒一杯，与关公饮了上马"，表现出一个知人善任、惜才爱才，同时善耍铁腕的伯乐人物的敏锐眼力。饮了上马的酒，是恩宠的表达，目的在于收买人才据为己用。然关公避开"吃人嘴软"，并不买这个账，冷冷一句"酒且斟下，某去便来"。二人于酒，实际上在进行无声的谈判，心态互察却心照不宣，以醒抗醉。后曹操赠吕布所骑赤兔马给关羽，也出于同样心计，无奈"忠义之表"的关云长"人在曹营心在汉"，尽管你一天一小宴、三天一大宴，美酒盈桌，也不为之所"醉"。

| 醉里入瓮 |

东吴重臣周瑜，也是个"用"酒高手。蒋干去游说周瑜，想着建一番功业。没想到周瑜却大摆筵席，盛情款待，席间装醉大笑道："想周瑜与子翼同学业时，不曾望有今日。"这话刺激得蒋干心里一派尴尬而又不知从何道来。蒋干原本是来拉老同学下水，踩着老同学的肩膀在曹操麾下步步高升，没想到反过来让老同学周瑜给噎了，气都哼不出来。周瑜并非到此为止，而是进一步下了重手，放了蒋干的鸽子。恰如商场里的说法，叫做"杀熟"。你不是总把老同学长老同学短的挂在嘴上吗，OK，看在多年的情份上，今天我不灭你一道也说不过去。蒋干劝降不成，便试图以鸡鸣狗盗之术窃取军事机密。这边厢却是将计就计，以"酒"作掩护，请君入瓮，骗了个乾坤颠倒，天衣无缝，被卖了还帮着数钱。认真起来，这赤壁之战，蒋干倒也算是为东吴立了大功。蒋干的长相本来有点仙风道骨的味道，后来在戏里成了鼻梁上贴了块白膏药的角色，整个形象鼠里鼠气。这一切，怪谁呢？只得自艾自怨——都是让他那个老同学害的。反过来，他的老同学周瑜，在酒局中表现出的非凡气魄、风度和智谋，使这次群英会酒局，成就了一段千古流传的故事。

| 义勇水浒 |

　　在《水浒传》中，酒表现为一种"勇"的形态。作为英雄传奇的典范之作，其题材即已决定与酒有不解之缘。书中可谓酒店林立，有关酒的描写277处，120回中有104回涉酒，占总章节的 86.7%。好汉们似乎总离不开一"酒"字，如武松景阳冈打虎、醉打蒋门神；鲁智深醉打山门、倒拔垂柳等等，可谓耳熟能详。《水浒传》里，酒代表着义勇，义气，勇气，书中凡是正儿八经喝酒的时候，都是非常豪放、豪壮、豪气、豪爽的，实在是"量小非君子，不喝不丈夫"。酒不仅可以解忧，亦能壮志亦能豪情。《水浒传》里大碗喝酒，大块吃肉，乃酒之洒脱大气。宋江平时外在表现给人的感觉，是一个婆婆妈妈优柔寡断谨小慎微之人，而背不住几杯酒下肚，望江楼上题反诗，多猛啊，多勇啊！

| 殒命醉卧 |

张飞一生好酒，可谓无酒不欢，可是他也因酒而送了命。关羽惨死，"桃园三结义"三去其一。张飞痛不欲生，下了个死命令：限三日内制办白旗白甲，三军挂孝伐吴，以雪兄仇。范彊、张达二位手下大将央告，时间太紧，任务艰巨，恐难完成。张飞大怒，打得二人皮开肉绽，若是完不成，斩首示众！把兄弟情谊看得重于一切的张飞，面对关羽之死，此时此刻，恐怕真是唯有酒才能稍许排解他心中的剧痛，醉卧于帐中自是必然。范、张二人当然知道张飞的暴烈性格，惧怕之心不能自己："比如他杀我，不如我杀他！""我两个如果不应当死，那么他就醉在床上，如果应当死，那么他就不醉好了。"于是二人探知消息，夜里带刀潜入帐中，时值张飞大醉，成全了二人。如果不是酒精的作用让张飞醉卧帐中，"三国"的历史是否会是另一结局，让人重新写来？！

| 酒壮英雄胆 |

宋江竟在望江楼上题写反诗，要不是酒后发飙，借他十个胆也不敢，正所谓"酒壮英雄胆"。第三十九回宋江浔阳楼饮酒，独自一个，一杯两盏，倚栏畅饮，不觉沉醉。临风触目，感恨伤怀。忽然做了一首《西江月》词调，书于白粉壁上。一面又饮了数杯酒，不觉欢喜，自狂荡起来，去那《西江月》后，再写下四句诗，道是：

心在山东身在吴，飘蓬江海谩嗟吁。

他时若遂凌云志，敢笑黄巢不丈夫！

待宋江把此事忘得一干二净时，却来了个黄文炳咬文嚼字予以举报，认定为反诗，问成死罪。宋江醉酒，呈一时之勇，几丢性命，倒也成全了晁盖、吴用等劫法场搭救之义。另有一次，宋江菊花会饮酒大醉（第七十一回），引起纷争，几斩武松，险酿大祸。酒醒后宋江道："我在江州醉后误吟了反诗，得他气力来。今日又作《满江红》词，险些儿坏了他性命。早是得众弟兄谏救了！他与我身上情分最重，如骨肉一般，因此潸然泪下。"当日饮酒，宋江本想并乘着酒兴弄"招安"之想，谁知并不是人人拥护并酒后真言，致使终不畅怀，席散各回本寨。最终，宋江的结局是饮朝廷降赐御酒而毕命（第一百回），也可算题中之义。

| 妓院饮酒 |

宋江与李师师妓院饮酒（第七十二回），豪气冲天："大丈夫饮酒，何用小杯。"连饮数钟，也是乘着酒兴，落笔成乐府词一首，道是：

天南地北，问乾坤何处可容狂客？借得山东烟水寨，来买凤城春色。翠袖围香，绛绡笼雪，一笑千金值。神仙体态，薄幸如何消得？想芦叶滩头，蓼花汀畔，皓月空凝碧。六六雁行连八九，只等金鸡消息。义胆包天，忠肝盖地，四海无人识。离愁万种，醉乡一夜头白。

李师师反复看了，不晓其意。其实，宋江在诉心曲，也有通过李师师来打通上层关节之嫌，重点应是在说我们的义气和忠诚可以包容天地，然而四海之内，却无人能够理解和赏识。心头的愁绪千万种，真叫人以酒浇愁，一夜白了头。李师师何许人？据《墨庄漫录》《东京梦华录》等书记载，李师师乃北宋末年京城名妓；又有《李师师外传》写到李师师痛骂张邦昌等以其献金营的行径，是一位"乃脱金簪自刺其喉，不死，折而吞之，乃死"的刚烈侠女。

飲酒花霧水

文世業

歐

| 拼命酒 |

　　古人有语："放胆文章拼命酒。"因义勇而假以"拼命酒"，在《水浒传》中形式多样。如"永别酒"，说的是宋江、戴宗两人被判斩首，行刑之日，"各与了一碗长休饭，永别酒"；如"分例酒"，这乃是梁山酒店——即谍报联络站，接待与宴请新入伙的好汉的一种惯例酒食；如"接风酒"，招待刚上梁山好汉而设，如李应、杜兴、郭盛、吕方、汤隆等初上梁山，都高兴地吃了"接风酒食"；如"饯行酒"，表达欢送辞别情谊，那乔道清、马灵二人在"飘外而去"之前，宋江"乃置酒饯别"；如"结义酒"，是结为"拜把兄弟"时喝的；如"庆寿酒"，庆贺诞辰而特意摆下的等等。这各色饮酒场面，都免不了"拼命"饮酒，而于看似不经意中，刻画人物形象，烘托情感气氛，表达义勇之情。对《水浒传》中的"酒"，金圣叹评点归纳，故酒有酒人，酒有酒场，酒有酒时，酒有酒令，酒有酒监，酒有酒筹，酒有行酒人，酒有下酒物，酒有酒怀，酒有酒风，酒有酒赞，酒有酒题。却都与义勇相关。

淫媒金瓶

　　在《金瓶梅》这部小说里，酒表现为一种"淫"的形态。酒之"淫媒"功能，在很多时候推动着"金瓶梅"故事情节的发展。调情卖相、打嘴犯牙、打情骂俏、淫欲纵色，在醉眼朦胧的这个"金瓶梅"世界里，酒成了这一切的前奏、媒介和有力的帮衬，甚至成了手段和工具，是一种人生、世情、生活状态的表达。有人研究统计（《金瓶梅饮食谱》邵万宽、章国超著），兰陵笑笑生笔下涉及的饮食行业有二十余种，列举食品达两百多种，其中，酒24种，酒字出现2025个，大小饮酒场面247次，远多于小说里的105处性事描写。而日本人桑蠸平的《〈金瓶梅〉饮食考》，竟然是四卷本巨著。东吴弄珠客说："读《金瓶梅》而生怜悯心者，菩萨也；生畏惧心者，君子也；生欢喜心者，小人也；生效法心者，乃禽兽耳。"也有人从美食的角度补充了一条："生饕餮心者，乃美食家也。"确实，《金瓶梅》颇为热衷于罗列有关饮食文化的场面，其影响力巨大。莫言写的《酒国》，后改为《酩酊国》，将饮酒后的状态作为重点加以突出，描写的宴会很有排场，那"全驴宴"就让人咋舌。《红楼梦》也写了极有排场的大

大小小的宴会聚餐，比如史湘云发起的蟹宴（第三十七到三十九回），贾珍中秋节煮的全猪全羊（第七十五回）都可算为登峰造极之作。

　　酒成为淫乐的工具与手段，在《金瓶梅》里多有表现。比如，西门庆与李瓶儿私通（第十三回），狼狈为奸，"香醪"（酒）在此已然成了淫乐的工具与手段，因酒中的乙醇（酒精）所具有的致醉功能，易致人于朦胧迷茫产生性审美倾向和性冲动，以达成性交合的目的。再如，"金莲调婿"描写（第二十四回），"却说西门庆席上，见女婿陈经济设酒，分付潘金莲，连忙下来满斟一杯酒，笑嘻嘻递与经济……妇人一径身子把灯影着，左手执酒，刚待的经济用手来接，右手向他手背一捏。这经济一面把眼瞧着众人，一面在下戏把金莲小脚儿上踢了一下"。一个"连忙"，暗示求之不得，如获至宝，一个"笑嘻嘻"，真是"穷耳目之好，极声色之欲"，而两个淫心荡漾的偷情男女，狼狈为奸，借递酒之机极尽调情卖相之能事。

酒潋觞滟

《金瓶梅》描写的以明代为背景的经济社会生活各方面，对世情的悲喜乖戾、社会的意识形态进行了具有相当深度的表现和透视，其描写的生活场景的核心，大多与酒有着密切关系。作品中写饮酒多以情欲宣泄为主导，酒将"淫"推至人生的舞台上。其艺术表现力在于，在酒之淫媒中，既刻画和表现了"金瓶梅"世界里的人物的各自的性格特征，反映了明代世情、生活的实质与真相，也含藉和表现出作品虽然对纵欲深怀忧惧但却又抵挡不住内里的饮鸩解渴般的性审美倾向。在这个醉眼朦胧的"金瓶梅"世界里，西门庆勾引潘金莲，便是在一片"酒潋觞滟"的迷漫气氛中开始的。这种迷漫气氛始终笼罩着"金瓶梅"世界，酒促成并铸就了这个酒、色、欲、淫的大千世界。

链接

鸿门宴

这是一个跌宕起伏、险象环生的过程，刘邦屡屡处于危局，却次次勉力化险为夷，可谓"三波三折"：范增举所佩玉玦以示之者三，暗示项羽下令杀刘邦，现场气氛极为紧张，而"项王默然不应"，此一波也；见原定计划行将泡汤，范增便提议项庄舞剑助兴，在席间伺机刺杀刘邦，空气再一次紧张起来，正是俗谚"项庄舞剑，意在沛公"，此二波也；樊哙撞倒守门卫士入帐，"披帷西向立，瞋目视

| 天下第一淫书 |

被称为"天下第一淫书",对《金瓶梅》而言,应是忧喜兼备,忧的是名声不怎么样,喜的却是借此流传广而远,其影响不可小觑。在"金瓶梅世界"中的酒,则被视为淫的附庸,酒乐是淫乐的铺垫和前奏,饮酒便是为了增强相互间的性审美意识和性冲动,以便在一派"酒漉觞滟"的迷漫气氛中进入淫欲的心境。因此书中凡有淫处必先饮酒,酒与淫简直就是一枚硬币的两面,形成了"金瓶梅世界"的饮酒之乐为"淫乐"与"纵乐"的特点,一种纯粹为了获取官能享乐和感官刺激的肉体的宣泄之乐。西门庆一妻五妾,外兼宿娼包妓,淫乐无度,且处处饮酒,对此人而言,可谓"无酒不成淫"。《金瓶梅》如此的表达,体现了世情小说的特色,也表现了酒文化中的"酒"在"金瓶梅世界"和现实生活中的一种特有功能和作用。

项王,头发上指,目眦尽裂",简直一巨灵神,还慷慨激昂地斥责项羽,将故事情节推向高潮,简直让人有点喘不过气来,此三波也。"一阴一阳之谓道",有三波便配以三折,每次转折都让人始料不及:其一是项庄舞剑舞得兴起,眼看似要得手,却不曾想横里杀出个项伯,与项庄对舞,救了刘邦一命;其二是樊哙闯帐,项羽不仅不怒,反而称之为"壮士",还让樊哙喝酒、赐生彘肩,甚至被斥责后还心生惭愧,给樊哙赐了坐;其三是刘邦以"如厕"借口离席逃遁,真正是"放了个屙尿筏子",溜之大

| 乐而中夭 |

在《金瓶梅》里体现的"纵乐"思想，其归宿，显然只能是乐而中夭。古语有云："酒是穿肠毒药，色是刮骨利刀。"酒与色一旦合为一体，更加速了生命的枯竭，促成早夭。"金瓶梅世界"里一帮"皮肤滥淫之蠢物"只知纵欲淫乐，"酒——淫——夭"是其必然历程。第七十九回写西门庆纵欲致病，吴神仙诊断说："官人乃是酒色过度，肾水竭虚，是太极邪火聚于欲海，病在膏肓，难以治疗。"其间医学道理一如《黄帝内经》云："若醉入房，汗出当风，则伤脾。"这淫乐纵欲的归宿，当是中国酒文化中极有特色的一笔，有兴趣的研究者理应对此引起充分的重视。

吉。这一"鸿门宴"，在历史上名气很大，相比煮酒论英雄那场酒局，是另一场双龙会，参与者多了不少，而发生的年代更是早了三百年。鸿门宴楚汉群雄、龙骧虎步，强强对话、风云际会，如果历史真是一场戏，如果可以重新导演这场戏，是否可以宁愿在这场酒局的结尾处，安排虞姬和戚夫人表演双姝对舞，团圆收官，岂不美哉。然而，成者为王败者为寇，这是政治的博弈，向来凶险无比，多是你死我活，再美的歌舞升平也不过粉饰而已。

榮吹溜
溜必祭

藏左玉辰申秋三月
陝西玉畫院 石川書

| 清谈儒林 |

在《儒林外史》里，酒表现为一种"清谈"形态。《儒林外史》说酒，实际上是只要饮酒就清谈。书中有大量的酒与清谈的表述，显示了酒在结构作品和揭示文士生活、心理，对社会看似轻松实则戏谑而沉重的生活态度等方面的重要作用。文士们是《儒林外史》里的绝对主角，他们在饮酒场中倾吐胸中块垒，抒谈人生际遇，以一种至少是表面上看似轻松自如的态度品味人生、放松人生，对生活表现出一种带有"宣泄"性质的戏谑态度，内涵却是一种严厉的批判。《儒林外史》用讽刺笔调写了一群知识分子的各种可笑行态，通过对这些人的生活的具体描写展开对"博学宏词"的封建科举制度的猛烈、辛辣的抨击。

书中描写的那些封建知识分子的日常生活中，饮酒清谈成为很重要的一种生活方式，有时甚至让人觉得他们要是不饮酒清谈已无以为计，借酒浇愁解忧是其饮酒的一个主要目的。事实上，在文士醉心举业，八股文外百不经意的时代，知识分子对于功名富贵中毒甚深，病入膏肓，是以其因酒清谈、把酒问天，皆无

不以科举、功名为热门话题，似乎除科场考试，功名富贵之外，人生已无重要内容。这种尚"虚"倾向如果一般地道来，便觉无趣，于酒酣耳热时顺口侃侃而谈、遑遑而论，则往往妙趣横生了。由此似可推见，饮酒清谈不仅是一种文学方式，更重要的是一种"当时的"生活方式。

在《儒林外史》中，不仅醉心功名者大兴饮酒清谈，就是那些如闲斋老人所说"终乃以辞却功名富贵，品地最上一层为中流砥柱"的杜慎卿等人，也同样地热衷于饮酒清谈。第二十九回乃例证之一，其间，"杜慎卿道：'我今日把这些俗品都捐了，只是江南鲥鱼、樱、笋下酒之物，与先生们挥麈清谈。'"通过对这些品行高尚的文士活动的描写，作品透出了一种肯定性心理意向，这些文士显然是要给那些热衷功名的士人立一个楷模，表达"以礼乐化俗""以德比人"的思想。

| 乐中藏悲 |

　　《儒林外史》刻画的那群封建文士的种种形象，饮酒时多带有"咬文嚼字"的倾向，或席间清谈，或分韵赋诗，内容多是清谈社会、人生、科场、名利等等。由于酒酣耳热，故能放言清谈，且带上浓烈的个性色彩，或融入自己的身世际遇，或阐发自己的独到见解，总不免一己的褒贬好恶，喜怒哀乐。又因为社会环境的压抑，其饮酒清谈之"乐"是为"苦乐"——酒乐之中饱含对人生苦涩的品味，而辛酸落第的科场冷遇又可在酒中暂得解脱；人生的苦闷在酒中即使不能消融，也可寻觅暂时的忘却和片刻的安慰。

　　《儒林外史》饮酒清谈对于文化来说，更多是一种浅淡的自嘲，对社会历史未必有什么直接的重大作用，却于文化陶冶、社会思潮形成诸方面显示出不容忽视的力量。与《金瓶梅》"乐而中天"、《红楼梦》"乐极生悲"不同，《儒林外史》"苦乐"的饮酒方式已揭示其归宿：乐中藏悲。现实人生的失意，因酒的麻醉作用而获致某种形态，通过饮酒而麻痹苦闷的人生情绪、感觉及理性，消融严峻的社会现实的严酷。饮酒在这里既是个性的一种退避，也是心灵的一种自我安慰，落拓科场的文士具有浪漫灵气的才情志趣，受到僵死思想的严重约束，个性遭到沉重的压抑，此时似乎只有多多饮酒才能借酒浇愁以求内心紧张情绪的缓解。因此这饮酒之乐终归是"乐中藏悲"的，其乐愈显，其悲愈深。

| 辩说西游 |

　　在《西游记》里的"酒"，表现为一种"辩"的形态。《西游记》写一帮和尚，却也饮酒，就算饮素酒，也有致醉的功能。甚至只要有机会，几个和尚徒弟的心里似有点趋之若鹜。全书写了103次饮酒场面，仅涉及孙悟空师徒场面的，就达36次之多，从出家人角度来看，委是不少了。

　　和尚喝酒，总觉得有点啥，因此，别有异趣的是，可听听孙猴子的判词："古人说断送一生唯有酒，又云破除万事无过酒，酒之为用多端。"所以，唐僧师徒纵使饮酒，却也还是有分寸的。把酒作一分为二的评价，在《西游记》中以"辩"的形态来表现是恰当的，且特别强调了"酒之为用多端"。"酒之为用多端"大约是孙悟空的发现，这猴子还说酒的事情很奇特，颇有异趣。孙悟空还曾撒了一泡尿在酒壶里面，根据书中描写的孙悟空撒尿的姿势，有人断定孙悟空是一只母猴。

| 饮酒的理由 |

出家人饮酒，在《西游记》中例举了各种理由。有时是"不敢不受"：唐太宗为西天取经之举赐酒饯行，玄奘秉持"酒乃僧家第一戒"，谢恩接酒不敢饮。太宗道："今日之行，比他事不同。此乃素酒，只饮此一杯，以尽朕奉饯之意。"于是三藏"不敢不受"。有时是"持斋不曾断酒"：高老庄收了八戒，高老摆了酒席，三藏知道八戒和悟空持斋不曾断酒，网开一面，说到："既如此，你兄弟们吃些素酒也罢。只是不许醉饮误事。"有时是"排宴谢功"：比丘国国王擎着紫霞杯，一一奉酒；在祭赛国，孙悟空等人捉了妖怪，国王亲自把盏，悟空、沙僧、八戒各受了安席酒。有时是"盛情难却"：二郎神与孙悟空设酒叙情，悟空知道是素果素酒，才敢举杯叙礼。有时是"掩人耳目"：灭法国国王要杀一万个和尚，尚差四个，唐僧师徒四人到来，正好做个圆满。于是孙悟空乔装打扮入城并为掩人耳目，只好吃了素酒。有时是"用酒谋事"：所谓"钓诗钩，扫愁帚，破除万事无过酒"，在陷空山无底洞"危急存亡之秋，万分出于无奈"，为了哄住妖精，三藏"没奈何吃了"酒；在翠云山芭蕉洞，罗刹女整酒接风，孙悟空为骗取宝扇"不敢不接"，实不能推辞，只好相陪。有时却是"着实饮酒"：天竺国王在留春亭设酒酬谢，三位师兄弟着实饮了一次酒。当然，也常常有推杯婉拒之时，比如，三藏对朱紫国国王摆素宴坚决不饮；孙悟空婉拒东华大帝君"欲留奉玉液一杯"；救活人参果树，镇元子安排蔬酒与悟空结为兄弟，酒只是用在了结盟仪式上。

| 各色宴饮 |

　　《西游记》中的宴饮也是很讲究的。序尊卑、排大小，宫廷筵宴、仙道饮酒、民间酒席都是讲究礼节、座次分明。名称也各具特色和匠心，比如，王母娘娘举办"蟠桃嘉会"；猴王开设"仙酒会"；玉帝设宴"安天大会"；陈光蕊办了"团圆会"；黑熊怪搞了个"佛衣会"；大妖怪弄了个"钉钯会"；其他还有如安席酒、得功酒等等，不一而足。书中涉及的酒花样繁多：椰子酒、葡萄酒、御酒、香醪佳酿、仙酒、玉液、素酒、香糯酒、国王亲用御酒、醴、暖酒、椰醪、紫府琼浆、熟酝醪、喜酒、美禄、药酒、松子酒、香腻酒、荤酒、暖素酒、琼浆、琼液、香酒、香醪、新酿，等等。

| 酒以为乐 |

　　"酒以为乐"是一种文化现象，也是一个哲学命题。对《金瓶梅》、《红楼梦》和《儒林外史》中饮酒的艺术表现，在"酒以为乐"的酒文化层面上，三者都有相当充分的艺术描述，其中含藉的酒之文化哲学的思考，揭示了中国人在酒的文化哲学在文学中的某些特有表现形态。酒文化的醉感文化实质使其与人类哲学意识相通。在对待始生终死的个体生命流程上，三者表达了不同的生命哲学意味，揭示了中国文化背景下不同历史时期，不同阶层的个体的"此在"的人所具有的不同心态。在酒醉的迷狂状态中，人们最终都在"酒以为乐"中对始生终死的个体生命流程产生强烈的体验。其体验中对生命的认知因不同的人、不同的历史和不同的文化而得出的结论或意向也是极其不同的。

　　纵观横览《红楼梦》《三国演义》《水浒传》《金瓶梅》《儒林外史》和《西游记》中对饮酒的不同的艺术表现，如情欲、勇猛、雅致、戏谑等等，都说明了在不同的时代环境，不同出身及地位的人，因其生活方式、价值取向的不同，他们饮酒所表现出来的文化含义也就有所区别。尽管同是立足于"酒以为乐"的享乐主义原则，然其酒文化意义却具有种种不同意向，确实能激发起人们深究其底蕴的兴致。

恒吃成禮

壬辰年福月鈞龄夏令倫書於楠谿

| 生命体味 |

《红楼梦》欲超越于"在生"之"生",将"生"与"死"扭结于环回状结构之中,出之于"混沌"而归于"混沌",其哲学意味多"形而上"质素,具有某种非实在性、虚幻性和极强的思辨色彩。它提供了一种人类精神上延伸的可能性,使其内在魅力雄踞于中国古典小说艺术哲学含蕴之冠。

《金瓶梅》从"在生"中观察和体验"生"的生命流程,将"生"的体验处处落于实在之地,给人以强烈的感官刺激,其饮酒多以直接的身体生理体验为主,是以哲学意味上有较重的"形而下"质素。《金瓶梅》太注重感官愉悦的快乐、欢乐以至纵乐、淫乐,于醉境之中充分享受人生生命的风月云雨,男欢女爱,是以在对待个体生命流程时,"金瓶梅世界"里的人无不放纵自己,胶着于现世人生,贴近了"当下体验"去观看人生,玩味人生。把一切的爱、欲、情与"生"粘合在一起,似乎"死"不在他们的思维范围之内。将这种近乎迷狂的体验"生"的情状融于个体生命之中,并于"在生"之点来体察生命之流程,无疑令人难以有真正"生"之层面的潇脱,难以让人真正从审美的角度去观赏千种人情,万般景致,它显然是一种缺陷甚大的人生生命体验方式,并特别地不为中国占统治地位的文化形态,特别是意识形态所容纳。

《儒林外史》在始生终死的问题上并不太注重开端与结束,而更多地看重过

程，注重生命流程的曲折前进和螺旋式回环上升的变化。文士们从各个不同角度对现世"在生"作出了极具个性色彩的反思和品味，其间，特别注重对"生"的酸甜苦辣，悲欢离合，进退成败的体味和反刍。《儒林外史》在形而上具有一种对生死之终极意义的逃避意向。其开卷诗曰："功名富贵无凭据，费尽心情，总把流光误。浊酒三杯沉醉去，水流花谢知何处。"结尾时也有一诗："无聊且酌霞觞，唤几个新知醉一场。共百年易过，底须愁闷；千秋事大，也费商量。"这与魏晋文士饮酒是为了"遗落世事"相反，《儒林外史》之文士们饮酒是"为世事所遗落"，他们调侃、戏谑人生于酒中，并由此营造了作品哲学意味的基调，构成了一种深刻的生命自嘲和对"生"的无可奈何的审视。

《金瓶梅》之放纵，享受"在生"之"生"及拒绝思考"死"极其不同，《儒林外史》非常节制"生"而有意回避"死"。对于"生"的谨慎，可以看出中国知识分子性格的脆弱性，以及对"礼"的潜文化意识心理的敬畏，所谓"非礼勿视，非礼勿听，非礼勿言，非礼勿动"是也。就此意义而言，《儒林外史》比《金瓶梅》和《红楼梦》更具生命的现世触动力，与社会政治、法律法规、经济文化等形态联系得更为紧密，使其成为了中国文学宝库里最好的一部"现世"讽喻之作。

花看半开意朦胧

——性灵酒文化

在精神的自由和行为的约束之间形成一种平衡，是酒之功用的一个至高境界。正如民间所云"花看半开，酒喝微醺"，或者叫做"打脚不打头"。"酒以成礼"要求讲究规范，是一个社会属性的范畴；"花看半开"则是强调饮酒要有情趣、情调，特别是强调饮酒的书卷气。南宋费衮的"欲醉未醉"说法，正是"花看半开"之情趣："饮酒之乐，常在欲醉未醉时，酣畅美适，如在春风和气中，乃为真趣，若一饮径醉，酩酊无所知，则其乐安何在也！"

| 书与酒 |

古人说："一生勤苦书千卷，万事消磨酒十分。"书与酒正好与《易》之曰"一阴一阳之谓道"相对应，勤苦于书，消磨于酒，二者相反相成，融合成一生之万事。《世说新语》载："王孝伯言，名士不必须奇才，但使常得无事，痛饮酒，熟读《离骚》，便可称名士。"基于书与酒的道理，王孝伯说了这么一段话，还进了《世说新语》。读之不由奇怪，难道当个"名士"就这么简单？没什么事干、能喝几盅酒、把《离骚》多读几遍？做到这三条就可成为"名士"，夸张点说，也许一石头砸过去，十个人里面有七八个吧。那么多人"名士"起来，一定是洋洋大观了。可惜，王孝伯说的话是针对当时的假名士而言的，是对当时世事风流的一种辛辣讽刺。有书之酒也好，有酒之书也好，必须与人生世事相关联并达到一个相当高的境界，才有可能成就"名士"。

书与酒、酒与书，读之、品之，二者相辅，把诗意与雅性，把眼福、口福乃至心福勾联起来，将书就酒，佐酒读书，不亦一大快事、一种至妙境界乎？多有学人不约而同地认为，读书与饮酒乃人生两大乐趣。那位精通汉语的诺贝尔文学奖评委"中国洋女婿"马悦然，希望自己生活在南宋，"如果生在山东，就和稼轩是邻居了，可以谈谈词，喝喝酒"。对书与酒可谓情有独钟，其

俳句忒有意思：

"逍遥的蝴蝶！/你的宇宙太窄吧！"/庄周不理我。

嗨，五柳先生！/杯中物酿好了么？/影子已长矣！

少喝点，李白，/你影子早醉倒了！/明月有好意。

弃疾发慌了：/"可恶可爱的酒杯，/来来来来来！"

林语堂发表有"读书犹如饮酒论"："一人读几个作家之作品，觉得第一个人的人物描写得亲切，第二个的情节来得逼真自然，第三人的丰韵特别柔媚动人，第四个的意思特别巧妙多姿，第五个的文章读来如饮威士忌，第六个的文章读来如饮醇酒。"一步一境界、一境界一意韵，博览典籍妙趣无穷，最妙的妙趣为"如饮醇酒"。周作人则从另一角度说到读书与饮酒："读文艺的书如喝酒，要读者去辨别味道的清浊。"不论是书籍还是水酒，都自有其好坏优劣之分，品鉴之人当慎辨之。而又认为读书如品酒，读书胜于品酒，因此鼓励以书为酒，反对一味饮酒，他告诫"饮酒损神茶损气，读书应是最相宜"，读书虽然如同饮酒，但饮酒却无饱览诗书之妙趣，还是多读书为好，多读书能获品酒之妙，而狂饮酒并不见得就可以获取读书的乐趣，这自是作人先生之一见。

| 饮酒与读书 |

读书学习是极其重要的，而诗人们又常用酒来照映和衬托。杜荀鹤七律《喜从弟雪中远至有作》写到：

深山大雪懒开门，门径行踪自尔新。

无酒御寒虽寡况，有书供读且资身。

便均情爱同诸弟，莫更生疏似外人。

昼短夜长须强学，学成贫亦胜他贫。

说无酒御寒但有书供读，生活寡况而精神资身，突出读书（当然与功名也相关）的重要，并结论性地强调"学成贫亦胜他贫"。当然，读书如果能够读出酿造美酒的秘境，那是再奇妙不过的事——人必得其精，粮必得其实，水必得其甘，酒必得其明，器必得其洁，缸必得其湿，火必得其暖。一个人写书、读书，能讲求精义、探骊寻珠，在"色、香、味"上下大功夫、细功夫，无数次回味而香醇绵长，还愁不能博取"隔壁千家醉，开坛十里香"的美名吗？书酒一体，那怕仅"一钱"下肚，也可致荡气回肠。《红楼梦》中，薛宝钗认为，酒"热饮伤肺，温饮和中，冷饮伤胃"。在这一点上，读书倒是不错，无论"热、温、冷"，皆不伤大雅。这是读书的优势，也是书卷的魂魄。

| 饮酒五好 |

其实，饮酒的书卷气更多的是体现在酒桌上的气氛和乐趣。有人尝说，喝酒要有"五好"：好酒、好友、好菜、好气氛、好老婆。此言甚善。一桌子的人在一起畅饮，如果没有高质量的酒、如果不是弟兄朋友、如果没有可口的下酒菜肴、如果气氛场面也上不来（尤其前三杯）、如果好这几口的男人老拿眼睛去观察老婆的动静，恐怕酒量再大的人也喝不了多少的酒。反过来看，即使在座的人酒量不大，却是酒好、人好、菜好、气氛好，老婆也在旁边微笑助兴，必能开怀畅饮，即使喝得不多，或是酒醉唠叨，定也能尽兴，一桌子的有滋有味。

记得那年初冬时节，我参加了一个为友人饯行的晚宴。虽然一桌子的人酒量好的不多，但是因为大家都一样的，喝酒喝得很尽兴，没有老婆的嘀咕，没有心怀鬼胎的利益冲突，更没有笑里藏刀的不怀好意，有的只是难舍难分，有的只是千言万语道不尽的一切都在不言中。大家是尽情的喝，有的是来者不拒的豪爽，有的是千杯都不想醉的奢望。酒过三巡，大家的话就更多了，什么话都说，什么话也都能说，君子坦荡荡的感觉显得是这样的淋漓尽致。恨不得把这辈子想说的话都说尽，恨不得畅聊得无休止，这不能不说是喝酒喝出了气氛。这时候酒显得反而没有那么的重要了，要的就只是这样的气氛。

| 劝　酒 |

　　如果心怀诚意，真心待客，必是真诚劝酒。从文化角度看，劝酒是一种艺术，甚至是一种智慧。苗族同胞好客闻名遐迩，姑娘们劝酒、敬酒，皆热情自然，大方得体，纯然是"与生俱来"，模仿者、刻意追求者，再怎么逼真，始终是隔了一层，不免"东施效颦"。"客人喝酒就得醉，要不主人多惭愧。"这可不是谁都能说得出来的。在酒席上进行感情交流，往往在劝酒、敬酒时得到升华。劝酒的真正目的，往往都是想对方多喝点酒，以表示自己尽到了主人之谊。真正的待客之道是，客人喝得越痛快，主人就越高兴，说明客人看得起自己。如果客人拧着不喝酒，劝也劝不下去，主人就会觉得很没面子，怎么也要劝上几杯，当然，天生不喝酒是另一回事，也可用其他方式，比如"以茶代酒"来表示心意。

　　为了劝酒，酒席上名堂很多，也有许多趣话。如"东风吹，战鼓擂，今天喝酒谁怕谁？""感情深，一口闷；感情浅，舔一舔；感情厚，喝不够；感情薄，喝不着；感情铁，喝出血。"更有女士劝酒："心激动，手颤抖，我给领导敬杯酒，领导不喝嫌我丑。"也有喝得差不多的进一步说："领导在上我在下，您说几下就几下。"这有点近于亵了。也有在推劝之间妙趣横生的，推酒："酒量不高怕丢丑，自我约束不喝酒。"劝酒："相聚都是知心友，放开喝杯舒心酒。"再推："万水千山总是情，这杯不喝行不行。"再劝："一条大河波浪宽，这杯酒说啥也得干。"劝酒者起身敬酒，被劝者会说："屁股一抬，喝了重来。"让劝酒者再喝一个。此时劝酒者应对："屁股一动，表示尊重。"

一个很有意思的现象是，劝人酒时先"劝"己，也就是"要想客人喝好，先把自己放倒"。有些主人一上桌，端起杯子便说："相聚都是知心友，我先喝俩舒心酒。"或者说："一条大河波浪宽，端起这杯咱就干。"有人编了一串话，鼓动喝酒：

会喝一两的喝二两，　这样朋友够豪爽！

会喝二两的喝五两，　这样同志要培养！

会喝半斤的喝壹斤，　这样哥们最贴心！

会喝壹斤的喝壹桶，　回头提拔当副总！

会喝壹桶的喝壹缸，　酒厂厂长让你当！

有的喝酒的理直气壮，说"人在江湖走，哪能不喝酒"；又说"酒是粮食精，越喝越年轻"。

也有以"罚"促"劝"的，这是中国人敬酒、劝酒的一种独特方式。"罚酒"实质是为了"劝酒"，其理由也是花样百出，最为常见的可能是对酒席迟到者的"罚酒三杯"。然后，"天蓝蓝，海蓝蓝，一杯一杯往下传"。劝着劝着再喝一杯才算数："天上无云地下旱，刚才那杯不能算。"当然，也有文明之风："只要心里有，茶水也当酒。"

酒 兴

酒兴是指喝酒的兴致，亦指酒后精神兴奋。白居易写的诗《咏怀》中有句："白发满头归得也，诗情酒兴渐阑珊。"在《二刻拍案惊奇》卷九中有描写："（凤来仪）不觉的趁着酒兴，敲台拍櫈，气得泪点如珠的下来。"沙汀在《催粮》中写到："而凭着酒兴，大家也就忘记了约束。"

南宋李清照词《如梦令·常记溪亭日暮》云：

常记溪亭日暮，沉醉不知归路。兴尽晚回舟，误入藕花深处。争渡，争渡，惊起一滩鸥鹭！

南宋人黄升著《花庵词选》，将这首词题为"酒兴"。现代人解读，好像作者似乎是在回忆一次愉快的郊游，曾记起畅游于溪亭，沉沉暮霭中，回舟误入曲港横塘，藕花深处。是什么原因使得作者"不知归路"而"误入藕花深处"呢？原来是酒喝高了，进入"沉醉"状态，直到"兴尽"至晚。这里描绘了一个清香流溢、色彩缤纷、幽杳而约带神秘的空间世界，有着巨大的惊喜和深深的陶醉。在充满酒气的沉醉中，摆脱"名门闺秀"的思想束缚，表现出一种开朗活泼、无拘无束的天性。多么快活啊，多么快意啊，"争渡、争渡"朝前啊，疾行的轻舟划过荷花之中，惊起栖息在花汀渔浦的鸥鹭，这不正是生命自由的放歌吗？而这一切，却都是在"酒兴"的世界里啊！

酒逢知己飲

文華業題

| 酒　趣 |

　　酒趣是指饮酒给人带来的乐趣及与酒有关的趣事。有的人一口酒下去，便因酒之辛辣而皱眉呵气，此时可能会有老到之人告诫："喝酒可是快乐的事情啊，叹什么气！"确实，在生活中，对于有些人来说，酒的乐趣妙不可言：肩挑背扛、起早贪黑、辛苦了一天的劳动者，盘腿在地，一袋干果，半壶包谷酒，整上两盅，顿感疲劳云消、浑身通泰；人遇到喜事精神爽，找三五朋友开怀畅饮，酒往宽处落，更添几分兴奋情绪；愁闷无聊之人，灌上几大口，似乎也可以从喝酒中得以些许慰藉，所谓"借酒消愁"。

　　宋人苏轼，号东坡居士，是"足以雄视百代"的大文豪，有"东坡肉"传世。他遗留的二千七百多首诗、三百多首词和许多优美的散文里，很大一部分都有酒的身影和韵味，其著名的诗文，皆与酒相关，甚至可以说是无不从酒中而发。《前赤壁赋》《后赤壁赋》，都是酒中之佳作。他喜爱喝酒，更乐于追求"酒中趣"——饮酒而不醉酒。他在《和渊明饮酒诗序》中写道："吾饮酒至少，尝以把盏为乐，往往颓然坐睡，人见其醉，而吾中了然，盖莫能名其为醉其

为醒也。在扬州时，饮酒过午辄罢，客去，解衣盘礴终日，欢不足而适有余。"饮酒而不累于酒，乃酒德之上品，尽管东坡先生在他的诗文中，有醉的字眼或醉的描述，但都是"饮酒之乐，欲醉非醉，酣畅美适，乃为真趣"，在浅饮慢酌中，品味美的哲学，领略优雅文明的风度，感受以诗会友的乐趣。

值节庆假日，家人齐聚一堂、亲朋好友你来我往，围坐一桌，畅叙情怀，表露真意，此天伦人伦之乐，肯定是少不了传杯把盏，亲情友情"尽在杯杯头"，不失一种酒之至乐也。遇有喜庆大典，也免不了举杯庆贺；甚至国际间交往，宴席之中，可能也少不了金樽翠觞、玉液琼浆，此把酒言欢也。只可惜古往今来芸芸众生，多有不识酒趣者，不知道饮酒应有一种情怀，一味地只知道喝、喝、喝，视狂饮为"英雄"，以烂醉为"痛快"，常常酒后失态，洋相百出。对那种无度的豪饮，东坡先生称之为"酒食地狱"，并写下"从今东坡室，不立杜康祠"的止酒诗句。

| 酒 气 |

饮酒免不了酒气。鏖战于酒桌，免不了浑身酒气进门。这酒气当是指酒的气味，在古人的文学作品中，多有表述。比如，唐沈佺期《奉和春日幸望春宫应制》有句："林香酒气元相入，鸟啭歌声各自成。"前蜀贯休《送胡处士》写到："头巾多酒气，竹杖有苔文。"由酒的气味的延伸，也可以是"借酒使气"。比如，李白《白马篇》的诗句："归来使酒气，未肯拜萧曹。"柳宗元《唐故万年令裴府君墓碣》："谣舞击咢，纤屑促密，皆曲中节度，而终身不以酒气加人。"这里说的，就是借酒撒气，李白说的是"老子不高兴"；而柳宗元所表达的是"淡定，与人为善"。也可引伸为脸上的酒色，比如《红楼梦》第一百回里写到的"刚才我见他到太太那屋里去，脸上红扑扑儿的一脸酒气"。饮酒本为兴致之事，断不可借酒使气而肆意妄为。

如果把酒气说到"酒色财气"上，苏东坡却有一段趣事。有一次，苏东坡到大相国寺探望好友佛印禅师，值佛印外出，便在禅房休息，自斟自饮享受住持和尚特意奉上的香茗美酒素肴。微醉之间抬头见粉墙上有新题的佛印的一首诗："酒色财气四堵墙，人人都在里边藏；谁能跳出圈外头，不活百岁寿也长。"心有所动，既然世人离不开"酒色财气"，何不因势利导，掌握好"度"，岂不妙哉？于是在原题诗右侧题《和佛印禅师诗》："饮酒不醉是英豪，恋色不迷最为高；不义之财不可取，有气不生气自消。"题毕，乘着醉意而去。

酒俗

　　酒俗指饮酒的习俗。我国分布各地的众多民族，其民间酒俗真是丰富多姿。每逢节日，都有相应的饮酒活动，而节庆又是"大节三六九，小节天天有"，比如端午节，就饮"菖蒲酒"；而重阳节，则饮"菊花酒"。这"菊花酒"也有个讲究，《西京杂记》记载："菊花舒时并采茎叶，杂黍米酿之，至来年九月九日始熟就饮焉，故谓之菊花酒"。在不少地方，春季插完禾苗后，要欢聚饮酒；秋季庆贺丰收时，更要饮酒。席散之时，往往一派"家家扶得醉人归"的景象。除夕夜的"年酒"很隆重，因为过年是中国人最为注重的一个节日，除夕夜的年夜饭是一年中最为丰盛的酒席，即使穷，平时不怎么喝酒也可能无酒可喝，但年夜饭中的酒是必不可少的。新年串门，主人将早已准备好的菜肴摆上桌子，斟上酒，共贺新春。古时候，新年尹始，有的地方有合家饮"屠苏酒"的习俗，饮酒时，从小至大依次饮用，据说可避瘟气。

　　酒俗都是很有民族特色的。比如朝鲜族的"岁酒"——这种酒多在过"岁首节"前酿造。岁首节相当于汉族的春节，"岁酒"以大米为主料，配以桔梗、防风、山椒、肉桂等多味中药材，类于"屠苏酒"而药材配方有别，一般用于春节期间自饮和待客，认为饮了可避邪、长寿。哈尼族的"新谷酒"——每年秋收之前，云南元江一带的哈尼族，都要举行一次丰盛的"喝新谷酒"仪式，欢庆五谷丰登，人畜平安。所说的"新谷酒"，是各家从田里收来即将成熟的谷把，倒挂在堂屋右后方山墙上部的小篾笆沿边，意求家神保护庄稼。然后勒下百十粒，有的炸成谷花，有的不炸，放入酒瓶内泡酒，选定在一个吉祥的日子开喝。是时，家家户户置办丰盛的饭菜，全家老少都无一例外地喝上几口"新谷酒"。苗族的"牛角酒"——因用牛角盛酒而名，多半装的是米酒。黔东南一带苗族接待来客要敬献醇香可口的牛角酒。苗家人都有外形美观、雕刻花纹的水牛角，客人到寨门时，穿着华丽的苗家姑娘举起牛角酒，唱着敬酒歌敬客，同时还有几位姑娘在客人胸前挂两三只紫红色彩蛋，表示吉祥如意。如果客人懂得苗家规矩，理应将满满地盛在牛角里的酒一饮而尽。喝了入寨酒，就能顺利进入苗寨。离开时，苗家姑娘还要唱送别歌，敬客人以出寨酒。

| 酒 量 |

　　古代文献资料中，对酒量大的人和事多有记叙。冯梦龙《太平广记》就说到唐代裴宏泰的好生了得的酒量。裴宏泰是裴均的侄儿，因宴会迟到而"甘愿受罚"，惩罚的方法是将场上所有银酒器斟满酒由其全部饮干，并请叔父将酒器相赐！裴均料侄儿已喝不少酒，不可能还有这样好酒量，便当即同意。裴宏泰按酒器的大小顺序，逐一开饮，每干一次，就将喝过的酒器藏在怀中，不一会怀中就满了。见边上还有一个装酒的大银海，双手捧起喝干并将银海踏扁，一起抱着走了。宴会结束，裴均担心侄儿饮酒过量，命人前往探望，见宏泰正坐在堂上，召匠人称量银器，一共得了二百两。

中国酒场纷纷扰扰几千年，酒皇酒帝、酒圣酒仙、酒侯酒伯等都名满天下，都是些海量之人。司马光《和王少卿十日与留台国子监崇福宫诸官赴王尹赏菊之会》说"红牙板急弦声咽，白玉舟横酒量宽"；杜牧称"身外酒千杯"；焦遂是"五斗方卓然"；岑参"斗酒相逢须醉倒"；杜甫"十觞亦不醉"；元稹"五斗解酲犹恨少"；白居易"十分一盏欲如泥"；苏轼"花开美酒喝不醉"。从诗句看，这些文人的酒量都令人瞠目，不过考虑其艺术创作之因素，不免有修饰之美，酒量到底如何，恐怕还需考量。

宋人赵崇绚的《鸡肋》，曾做了一个统计，并得出结论说，以那个时代所见，中国历史上酒量最大的人是汉宣帝时期的丞相于定国，饮酒可至数石而不乱。其他高手还有汉朝的大儒郑康成可饮一斛，汉朝的卢植是一石的酒量，魏晋刘伶的酒量是一石五斗。一石是多少？按照通常说法是100斤，不过各个朝代的量具大小是不一样的，沈括换算汉朝的一石，相当于宋朝的32斤。古人说的"数"是指"3"以上，也就是说，这位酒冠军的酒量，在100市斤以上。后来，许多人的著作也都首推于定国为中国酒冠军。其实喝酒喝的是豪情、喝的是惬意、喝的是欢乐。即使海量，而如牛饮，最终却醉倒如猪，也就毫无形象可言了，应以为戒。

| 酒　胆 |

　　酒胆指饮酒时的胆量。一般情况是，酒后胆量大。宋无名氏《汉皋诗话·酒胆豲》："豲字，呼关切，顽也。当在山字韵。刘梦得有'杯前胆不豲'，赵勰有'吞船酒胆豲'之句，《礼部韵》不收，《唐韵》亦无此。"宋黄庭坚《次韵周德夫经行不相见之诗》："酒胆大如斗，当时淮海知。"《红楼梦》第七十九回："（薛蟠）是有酒胆、无饭力的。"《红楼梦》第八十回："薛蟠有时仗着酒胆，挺撞过两次。"酒后胆大不免有的人借酒装疯，喝了酒乱搞一气，过后说声"Sorry"。有时是有些平时不好说的话，也有借着酒劲而"斗胆"进言的，却也不乏成功之例。

　　链接

素酒

　　唐三藏曾说到："你兄弟们吃些素酒也罢。"饮素酒也是有致醉的功能。这个"素酒"是什么？大约是与"荤酒"相对应吧。一般而言，所谓"素酒"也就是粗酿的酒，没有经过"蒸馏"工艺，只是简单地滤除酒糟，余下浑浊的度数极低的酒水，为不致较快变质、保存期长一些，人们会将其置锅里煮开。推论言之，这种浑浊而看像较差的酒水，对人畅饮的欲望的吸引力似乎不太大，是以称之为"素酒"。不过，另一种说法更有意思，这"素酒"不容易喝醉，和尚喝了似乎也

| 酒　骨 |

　　酒骨在于饮酒者的风骨、度量。当代作家詹谷丰在短篇小说《曲水流觞》中展现他父亲的"浩然酒骨"，写颇有"酒骨"的乡村小学校长父亲耿直不阿的饮酒生涯，虽在文革当中被迫害为学校打钟人，他仍以人品赢得了老师和村民们的尊敬。雷达在《詹谷丰短篇小说的文化内涵》中有这样一段精辟的阐述："都说酒是慢性服毒伤脾伤胃终至丧生，酒是社交品，酒是攻关的敲门砖，酒能壮胆，酒还能让人撒野。但这似乎发生在投机钻营精神无能者身上。对于精神高岸者，酒又成了甘饴，成了一种风骨，一种度量，一种寻找知遇的导源。"

不容易"破戒"，所以叫"素酒"。与之相对，明朝已有像今天一样经"蒸馏"工艺的高度白酒，味道香醇诱人，要害是酒精度较高，容易整醉，和尚喝这种酒可能三两下就被"拿翻"，而醉酒是为"破戒"——就跟吃荤一样，所以叫"荤酒"。我们看《水浒传》里人们喝酒，经常一整就是以"桶"为计，那应该就是素酒了——那年代，蒸馏工艺还未普及，你让那些英雄好汉喝上一桶茅台试试！可以试想，在今天，可能"二锅头"就是"荤酒"，"啤酒"也许可称之为"素酒"了。

| 酒　令 |

　　酒令乃是一种独特的酒文化内容，富于诗意和情趣，是酒文化中的文化精粹。早在两千多年前的春秋战国时代，酒令就在黄河流域的宴席上出现了。酒令分俗令和雅令。猜拳是俗令的代表，雅令即文字令，通常是在具有较丰富文化知识的人士间流行。白居易曰："闲徵雅令穷经史，醉听新吟胜管弦。"认为酒宴中的雅令要比乐曲佐酒更有意趣。文字令又包括字词令、谜语令、筹令等。春秋战国时期的投壶游戏，秦汉之间的"即席唱和"等都是一种酒令。西汉时吕后曾大宴群臣，命刘章为监酒令、刘章请以军令行酒令，席间，吕氏族人有逃席者，被刘章挥剑斩首，为喝酒游戏而戏掉了脑袋，这也许就是戏中之戏了。此即为"酒令如军令"的由来。唐宋是中国古代最会玩的朝代，酒令当然也丰富多彩。白居易便有"筹插红螺碗，觥飞白玉卮"之咏。酒令在明清两代更步上层楼，发展到了五花八门、琳琅满目。清代俞敦培将酒令分为四类：占令、雅令，通令、筹令。筹令是酒令中的重头戏。总的说来，酒令用来罚酒是其功能之一，实行酒令最主要的目的还是为了活跃饮酒时的气氛。可以设想，酒席上有时坐的都是客人，互不认识是很常见的，行令就像催化剂，使酒席上的气氛活跃起来。

　　在一般生活宴饮中，行酒令可谓五花八门。文人雅士与平民百姓行酒令的方

式不大相同。文人雅士常用对诗或对对联、猜字或猜谜等，一般百姓则用一些既简单，又不需作任何准备的行令方式。最常见，也最简单的是"同数"，现在一般叫"猜拳""划拳"，即用手指中的若干个手指的手姿代表某个数，两人出手后，相加后必等于某数，出手的同时，每人报一个数字，如果甲所说的数正好与相加数之和相同，则算赢家，输者就得喝酒。如果两人说的数相同，或都没有说中其数，则不计胜负，重新再来一次。还有就是"击鼓传花"。这是一种既热闹，又紧张的助酒方式。在酒宴上宾客依次坐定位置。由一人击鼓，击鼓的地方与传花的地方是分开的，以示公正。开始击鼓时，花束就开始依次传递，鼓声一落，如果花束在某人手中，则该人就得罚酒。因此花束的传递很快，每个人都唯恐花束留在自己的手中。击鼓的人也得有些技巧，有时紧，有时慢，造成一种捉摸不定的气氛，更加剧了场上的紧张程度，一旦鼓声停止，大家都会不约而同地将目光投向接花者，此时大家一哄而笑，紧张的气氛一消而散。接花者只好饮酒。如果花束正好在两人手中，则两人可通过猜拳或其它方式决定负者。击鼓传花是一种老少皆宜的方式，但多用于女客。如《红楼梦》中对这种场景就有生动的描述。

| 筹 令 |

行酒令而用到筹子，是为筹令。说起筹令先要弄明白什么是筹。筹一般用竹木削制而成，古人来进行运算，可以说是古代的算具，因此筹也被引申为筹谋、筹划。《汉书·高帝汜》记刘邦对张良的评价时说"夫运筹帷幄之中，决胜于千里之外，吾不如子房。"现在把军事指挥将领在室内制订作战计划，即称为运筹帷幄。其中的筹，即为筹划、筹略、筹谋之义。从唐代开始，筹子在饮酒中就有了两种不同的用法，一是仍用以记数，如白居易诗"醉折花枝作酒筹"中的"酒筹"即为此类，这种意义下的筹在后代酒令游戏中仍可见到，作用是以筹计数，后再按所得的筹的数量行酒。另一种就比较复杂了，人不满足于筹子的原始用法，把它变化成了一种行令的工具。筹的制法也复杂化，在用银、象牙、兽骨、竹、木等材料制成的筹子上刻写各种令约和酒约。行令时合席按顺序摇筒掣筹，再按筹中规定的令约、酒约行令饮酒。据考，唐代的《论语玉烛》酒筹是目前所

酒以為樂

廖 走良 庚子初夏

知的最早的一种筹令。筹令的包容量很大，长短不拘。大型筹令动辄有八十筹，而且令中含令，令中行令。筹令因有这样的特点，才有能力从长篇巨作的戏剧《西厢记》及《水浒传》《聊斋志异》《红楼梦》等小说中取材，也才能有包容像《易经》的六十四卦等具丰富的内涵。酒筹文化是中国饮食合餐制的产物，它的本质是农业文化。酒宴中的酒筹令有着很大的文化含量，参加者自古今名著、诗词歌赋，至天文地理、民俗俚语，都要胸中有数才能现场发挥得好而不被罚酒。人们在欢宴中也锻炼了才思敏捷和竞争精神，既活跃了饮食的氛围又增添了审美情趣。当然，我们也要看到，时事变幻，不以人的意志为转移，难以设想，在高节奏运转的现代化生活的今天，再有几个年轻人，坐在麦当劳里，慢腾腾地玩什么《红楼梦》酒筹了。

| 酒令大如军令 |

《红楼梦》第四十回中鸳鸯吃了一钟酒，笑着说："酒令大如军令，不论尊卑，唯我是主，违了我的话，是要受罚的。"让谁去喝，酒令是最主要的一种方式，鸳鸯以大如军令来行使酒权，着实是趣事一桩。饮酒行令花样不少，在远古时代就有了射礼，为宴饮而设的称为"燕射"，即通过射箭，决定胜负，负者饮酒。古人还有一种投壶的饮酒习俗，源于西周时期的射礼：酒宴上设一壶，宾客依次将箭向壶内投去，以投入壶内多者为胜，负者受罚饮酒。在开始时可能是为了维持酒席上的秩序而设立"监"，在汉代时更有"觞政"，就是在酒宴上执行觞令，对不饮尽杯中酒的人实行某种处罚。

| 贵妃醉酒 |

　　唐玄宗与杨贵妃相约，到百花亭品酒赏花，却爽约了。良辰美景奈何天，虽景色撩人欲醉，贵妃也只好在花前月下闷闷独饮，一会不觉沉醉，边饮边舞，嘴里念叨："李二郎你枉为人君，说话不算数……"酒入愁肠，一时春情萌动不能自持，竟至忘乎所以，频频作出种种求欢猥亵状，倦极才怏怏回宫。这即是有名的"贵妃醉酒"。这个醉酒，可是美中见醉，醉中见美，贵妃与太监、宫女们演了一出好戏。这是唯一的美人酒局，而且是唯一以女子为主角，入选中国古代"十大酒局"实在是情理之中。由此，便有了著名的京剧剧目《贵妃醉酒》。据说《贵妃醉酒》最早的版本是昆曲。原曲目中贵妃大醉后自赏怀春，轻解罗衣，春光乍泻。当然高力士们不解这种风情，倒也无伤大雅。后来梅兰芳亲自出手，以霹雳手段进行"去污化处理"，所有少儿不宜内容统统搞掉。于是，《贵妃醉酒》变成了今天8岁以下孩童也可观赏的正剧。

| 酒壮怂人胆 |

　　古代有一个因酒而与家庭暴力相关的著名故事叫"醉打金枝"，这次酒局，实际上是一次家宴。故事讲的是唐朝名将郭子仪的儿子郭暧，这个平时胆子不大的男人在家宴后，借酒壮胆而痛打老婆升平公主的故事。民间看法，这是为天下所有惧内的男人出了口恶气。俗话说，小夫妻打架不记仇。尽管这场家庭纠纷闹腾的动静儿挺大，结果却皆大欢喜，郭暧和升平公主的感情从此反而加深不少，天天共效于飞。升平公主此后变得贤淑无比，有不少世人称赞的事迹流传下来。这也应了"打是亲，骂是爱"的老话，其推波助澜的媒介，却是宴饮中的醇酒，倒也十分有趣。

| 酒过三巡 |

　　席上饮酒，一面是生理的反应，另一面则是心理的反应，而两者又是联系在一起的，情绪的高涨则是肯定的。办席最怕不热闹，能把酒喝起来，就不愁了。特别是前三杯很重要，一般而言，一旦"酒过三巡"，局面一般就会活泛起来。一些人红着脸端着酒杯主动走过来，一扫开始时的拘束，问长问短，主动交谈。到高潮时分，就是捉对厮杀，甚至满口"大哥""铁哥们""大叔"地乱叫，只要能劝别人把酒吞下去，什么好听的话都用上了，甚至是连拉带扯、连抱带灌，不引得全场喝采决不罢休。此时就要抓住机会，有一些不方便说的或求人办事的大可直说出来，于是在大家"是兄弟帮这点忙算得了什么"的声中，不管是不是想答应其结果是肯定要答应，于是当事人为了表示决心还要抱在一起多喝几杯。正事谈完了，于是一身轻松，为了表达谢意，还要豪爽地与所有人再饮几杯。接下来可以说已经到了不受大脑控制的程度，说也说不清、站也站不稳，但是抓酒瓶的手却是紧紧地，劝别人喝酒一点也不会放松。最后要买单了，一个个豪气十足，嗓门一个比一个大，越没钱的嗓门越大，争着要买单，在吵闹声中继续相约，下一场到什么地方喝酒去。

| 在乡村吃酒 |

　　千禧年金秋时节，出差到县里，体验了一把村庄摆酒席的热闹。在一间黑瓦房的堂屋里摆着一桌，东边房间和西边房里各置两桌。在屋外空地上摆放着十来桌，一色的方桌，一色的长凳。席还未开，红红火火的气氛已经被小孩们提前渲染开来。到正式开席，小小的农家院坝一下子聚集了上百人，问候致意的，敬烟让茶的，忙得不亦乐乎。醒目的是，每一席桌都放上了一瓶酒。饮料、茶水和烟可以没有，但酒是决不能少的。席开了，冷盘、炒菜端了上来，酒已倒好，大家都想急于下手，可还要等席上年长者先举杯挥筷发话才能动作。酒席渐入佳境，冷盘热炒吃完，肚子里垫了底，就上大菜了。乡下酒席讲究一个实在，装菜的是海碗，肉是肥猪肉，好酒席一定要油水足，大菜多，吃得有剩余而不是刚刚够吃。这样的场合，最引人瞩目的毫无疑问是喝酒猜拳。酒量大的几个人凑到了一块海喝，我作为远方的客人，也被生拉活扯地加入其中，几大碗酒下去，便有了许多酒意，有些人还开始搂搂抱抱、絮絮叨叨，他们没觉得有什么不妥。村里人说，这样就对了，哪有赶上酒席，光吃饭不喝酒的！还说"客人喝酒就得醉，要不主人多惭愧"。第二天，大家还不断提起这次酒席。妇女们回忆着红烧肉和"炖膀"，男人们津津乐道的是酒席上的猜拳喝酒的经典之战。

由此想到苏东坡"正月二十日往岐亭，郡人潘、古、郭三人送予女王城东禅庄院"所赋的诗：

十日春寒不出门，不知江柳已摇村。

稍闻决决流冰谷，尽放青青没烧痕。

数亩荒园留我住，半瓶浊酒待君温。

去年今日关山路，细雨梅花正断魂。

早春景色中想到去年途中细雨断魂情景和友人送饯的盛情，不由得令人动容，而诗中给人印象最深的应是"半瓶浊酒待君温"，把酒作为了友情的媒介和载体，寓情于酒，情在酒中，恰如俗话所说"一切都在杯杯头"。如是没有酒，情感之表达未免大打折扣。

| 酒中情态 |

饮酒畅叙是中华文化中的一项浓墨重彩的传统，人与人的感情交流往往因得到美酒的滋润而升华，对饮者较容易敞开心扉，表现出真诚、坦率、豪爽的一面，进入一种推心置腹的境界。一位作家说："酒是一种感情的催化剂，可以帮助人释放情感，从而激发人全新的感受。"饮酒的人都应有体会，整上几大杯，人的情绪便会高涨，思维会活跃，可能还会激发灵感。

酒后"二麻二麻"的感觉就是与平时不一样。俗话说酒壮英雄胆，借助于酒精的作用，平时沉默寡言的人也可以滔滔不绝，甚至能够妙语连珠。酒后有诉说衷肠的，有唱京剧或者唱一些高亢的曲子的，也有闷声悲戚的。有这么一种说法，酒后喜欢唱歌是较乐观的人，酒醉心不醉。醉酒信口开河乱承诺是具有一定消极倾向的人。醉后哭泣是自卑较感重、有许多委屈、常发牢骚的人。醉后就睡是属于理智型的人，能自我约束。醉后爱笑是个性乐观随和而有幽默感的人。酒后喜欢唠叨是属于怀才不遇的的人。喜欢独自默默喝酒是落寞寡欢型，拙于交际与词令的表达，个性孤独，为人拘谨，其内心明辨是非而表现怯懦。还有的喝酒人，诸如喜欢续摊喝酒的，喜欢交友及展示酒量、炫耀财富的，喜欢划拳助兴的等等，情态各异，不一而足，其实都是各自内心世界、性格习惯的外在表现而已。

| 精彩离奇 |

以"精彩离奇"来形容酒，人们可以在对"酒是什么？"的回答中窥见一斑。古人有很好的经验总结："大寒凝海，惟酒不冰，明其怒性，独冠群物，药家多顺以行其势（《神农本草经》）"；"酒，少饮则和血通气，壮神御寒，遣兴消愁，辟邪逐秽，暖水藏行药势（李时珍《本草纲目》）"；"酒乃百药之长（《前汉书·食货志》）"。可是有人说，酒是穿肠毒药；有人说，酒是燃身硝焰；有人说，酒是生命之水；有人说，酒是美女，初见她时，她情窦初开，再见，她欲拒还迎，爱上她时，她放荡不羁，许多人就在这种挑逗下，无力自拔。美国人福克纳说："酒是蒸馏的艺术。"德国人说："酒能打开话匣子，但不能解决问题。"俄国人说："酒可以保存东西，但不能保守秘密。"法国人说："酒是血，酒是爱情……"这酒啊，到底是什么？是才情，看"李白斗酒诗百篇""诗万首，酒千觞"；是友情，看"欲持一瓢酒，远慰风雨习""劝君更进一杯酒，西出阳关无故人"；是爱情，看"今宵酒醒何处？杨柳岸，晓风残月""酒入愁肠化作相思泪"；是人情，看"相逢一笑是前缘""浊酒一杯喜相逢"；是豪情，看"醉卧沙场君莫笑"；可解愁，看"愁来竹酒二千石，寒灰重暖生阳春"。不管是什么，总之，"精彩离奇""酒逢知己千杯少""烟出文章酒出诗"的绝唱，武松酒后打虎、鲁智深醉打山门的英雄气慨，刘姥姥醉卧怡红院的千古笑谈等等，随手即可拈来。可谓是酒中人生道理大，引无数英雄竞折腰、凡夫俗子叹千古。

酒文化长羽

文博叶题

| 开心辞典 |

 适度饮点酒，感觉真不错。《开心辞典》的成功与此结缘。这是央视一个有名的栏目，主持人王小丫对传统"考官形象"进行了颠覆，她用亲情、微笑、鼓励，驱散了考场的恐惧，让人们回归对知识的欲望。她的成功有"秘诀"，每次在录制节目前半小时，送上啤酒给选手："希望他们兴奋，录节目时保持轻松。"喝酒后的大多参与者，在台上确实往往是妙语连珠、妙趣横生。"你确定吗？""不再改了吗？"小丫的眼睛常常调皮地望着回答问题的选手，喝过酒的参与者当然也就更加兴奋地表述着自己的智慧和真诚了。酒精把参与者的人生化开融解了，难以遏制地喷发而出。似也有极而言之者——天下喜酒、愁酒、苦酒、毒酒、假酒，古今烟云事，都在一壶中。

| 酒品人品 |

　　不同社会层次的人，饮酒各有表现，酒品可见人品。清代阮葵生所著《茶余客话》引陈畿亭的话说："饮宴若劝人醉，苟非不仁，即是客气，不然，亦俗也。君子饮酒，率真量情；文士儒雅，概有斯致。夫唯市井仆役，以通为恭敬，以虐为慷慨，以大醉为欢乐，土人亦效斯习，必无礼无义不读书者。"这里说到"君子饮酒，率真量情"，同时刻划了酒林中一些近乎虐待狂的蛮饮者，他们胡搅蛮缠，步步进逼，层层加码，必置客人于醉地而后快。这些人往往还振振有词，什么"今朝有酒今朝醉"呀，"人生难得几回醉"呀，完全是把沉溺当豪爽，把邪恶当有趣。其实人们酒量各异，对酒的承受力不一；强人饮酒，不仅是败坏这一赏心乐事，而且容易生出事端，甚至危及生命。因此，作为主人在款待客人时，既要热情，又要诚恳；既要热闹，又要理智。切勿强人所难，执意劝饮。还是主随客便，自饮自斟。

　　酒品中表现人品是较为显性的，几大杯下肚，一些人"本真"的东西往往就出来了，拦都拦不住。有废话连篇滔滔不绝者，似乎整个酒桌以他为中心，他和谁都是朋友，不管天文还是地理，不管古今还是中外，只要别人说到的事，他一定知道，这种饮者的人品还算不错，充其量是一个好事者，最大的优点或者说缺点就是喜欢探秘，但一般不会因秘害人。有逢人必敬者，只要腹中酒量达到一定数量，就会拿起酒杯给谁都敬酒。拿着个酒杯让谁喝谁就得喝，不喝就是不给面

子，看不起，此等酒公最大的优点就是你喝的多少他不管，关键是喝不喝，应该说人品也算不错，说到底就是一个面子。有撒泼耍赖者，当酒精作用神经达到一定程度时，就会变得暴戾和无常，借着酒劲稍有不顺就会出言不逊，甚至借着酒劲制造暴力事件。此等酒公人品不敢恭维，在生活中最好敬而远之。有只说不喝者，拿着个酒杯，不管你怎么说，杯中之酒就是不下，几轮下来，别人都面红耳赤了，只有他还依然如故，这种可是所谓的喝酒人了，与之相处得保持警惕，此乃心计叵测之人，对良善之人而言，理应远之恶之。有只喝不言者，以喝为主，话很少，甚至是越喝话越少并且凡敬必喝，到最后一切尽在酒杯中，这种饮者之人品大多比较忠厚，性格诚实，可信度高。有喝了蒙头大睡者，一般酒量都很大，经常会喝得酩酊大醉，只要一上酒桌，一般都会喝多，此等酒公人气指数可嘉，性格沉稳。有能喝而在酒桌上滴酒不沾者，此等人通常巧舌如簧，而且性格诡异，与之相处总是让人有点他是主人的感觉，总觉得不踏实，通常以不能喝酒为由静观酒场风云，其人品实在不敢恭维。也有"一杯就醉，千杯不倒"的，有"以茶代酒"的，还有"以水充酒"作假的，形形色色，各擅胜场。因酒识人，因酒品人。在觥筹交错之时，人性中一些潜藏的平时不易暴露的本性就会在不经意间表现出来。酒品非人品，但酒品有时即人品，通过酒品，我们能够看到一个人性格中的本来面目。

| 酒神曲 |

　　酒乃天地之间的尤物，进入肚腹而不能充饥、不能解渴，却冲击于人的心神。心神经酒一滋润、一刺激，便产生莫可名状的变化，这人的言和行，便"飘飞"起来了。人类自有了酒，生活便有了丰富多彩，历史便有了斑斓多姿，茫茫尘寰便增添了许多有趣的风景，短短人生便增添了许多悠长的滋味。张艺谋导演的电影《红高粱》中，我们似可窥见带着现代主题意识的"醉入东海骑长鲸""入歌须纵酒"等难以数计的唐宋时代的酒的诗境。听一听《酒神曲》（又名"敬酒神"，张艺谋填词、赵季平、杨凤良作曲，姜文演唱），投入地体会一把：

　　九月九酿新酒/好酒出在咱的手/好酒　喝了咱的酒/上下通气不咳嗽/喝了咱的酒/滋阴壮阳嘴不臭/喝了咱的酒/一人敢走青刹口/喝了咱的酒/见了皇帝不磕头/一四七三六九/九九归一跟我走/好酒好酒好酒　喝了咱的酒/上下通气不咳嗽/喝了咱的酒/滋阴壮阳嘴不臭/喝了咱的酒/一人敢走青刹口/喝了咱的酒/见了皇帝不磕头/一四七三六九/九九归一跟我走/好酒好酒好酒/一四七三六九/九九归一跟我走/好酒好酒好酒/好酒

　　这里吟唱了一曲绝对自由之歌，与道家哲学倡导的"乘物而游""游乎四海之外""无何有之乡"，宁愿做自由的在烂泥塘里摇头摆尾的乌龟，也不做受束缚的昂头阔步的千里马，其内蕴上是暗合的。追求绝对自由、忘却生死利禄及荣辱，的确是中国酒神精神的追求所在。

历史是条长河，河中兑了酒，河水便奔流得更浪漫，更生动，翻腾起的浪花千古后仍使人感到精彩。上至宫廷，下至市井，高贵者，卑贱者，都喝酒。金元殿里的天子赐宴，三家村时的老翁对酌，虽然档次不同，气派迥异，但把佳酿或酒醅喝下肚子，并品味那个美妙的过程，让思想和精神肆意地天马行空一回，则是一样的。

| 一种悟性 |

　　酒一头连着人，一头连着神，一个是世间的人所说的饮食，一个是神吃的饮食——祭品。酒通了神，豪饮之，则可导致情感的放松、思想的活跃甚至迷狂的出现。其中，差异仅在程度深浅而已。迷狂或者说由醒而醉的状态使现实的人能够以非实在的虚幻心理去感受、体验，回味现实人生的酸甜苦辣，悲欢离合。嵇康《声无哀乐论》写到："酒以甘苦为主，而醉者以喜怒为用。"几乎是把酒与哲学放在介于情感与宗教之临界点上相沟通。乌纳穆诺在《生命的悲剧意识》里论述，"哲学常常把自己转换成一种精神上淫媒的艺术。而且，常常是一种把悲愁止息成睡眠状态的麻醉剂"恰好与此对应。人类酒神意识的诞生，醉境的陶冶可以把人类意识的深层忧惧意识化入混然的忘我之境，对现实的生命流程（从生到死的过程）必会产生强烈的体悟和感慨，因此，酒所具有的水的外表、火的内核，对人类来说可以产生一种悟性，其当下的意义便是对生活或是生存方式的抉择。

| 品　酒 |

对于放在桌子上的酒，可以"喝"，更可以"品"。有人说："品酒与喝酒的区别在于思考。"在西方，品酒被视为一种高雅而细致的情趣，鉴赏红葡萄酒更是有闲阶层的风雅之举。品酒可区分成5个基本步骤：观色、摇晃、闻酒、品尝和回味。只要有敏锐的感觉和灵性，付出相应的耐心和时间，你一定可以领略其中的玄妙和悠然。程世爵《笑林广记·酒品》载言：花间月下，曲水流觞，一杯轻醉，酒入诗肠。这样"轻醉""诗肠"的饮酒，真可谓之"儒饮"，让人感觉更多的在于品酒而非豪饮买欢，是为一景也。

链接

独特方式

在一些酒俗中，其饮酒方式也是相当的独特。比如饮咂酒——这是古代遗留下来的独特的饮酒方式，在西南、西北许多地方流传，逢喜庆日子或是招待宾客，抬出一酒坛，大家围坐在酒坛周围，每人手握一根竹管或芦管，斜着插入酒坛，从其中吸吮酒汁，人数可达五、六人甚至七、八人。饮酒时的气氛真够热烈的。再如"转转酒"——这是彝族人特有的饮酒习俗，在饮酒时不分场合地点，也无宾客之分，大家皆席地而坐，围成一个一个的圆圈，一杯酒从一个人手中依次传到另一人手中，各饮一口。这一习俗，有个动人的传说。那说的是，在一座大山中，住着汉人、藏人和彝人三个结拜兄弟，有一年，三弟彝人请两位兄长吃饭，吃剩的米饭在第二天变成了香味浓郁的米酒，三个兄弟你推我让，都想将酒留给其他弟兄喝，于是从早转到晚，酒也没有喝完，后来神灵告知只要辛勤劳动，酒喝完后，还会有新的酒涌出来，于是三人就转着喝开了，一直喝得酩酊大醉。

| 幕天席地 |

刘伶为"竹林七贤"之一，而他既没有阮籍、嵇康的旷世奇才，也不像山涛、王戎那样仕隐双修，一生几与政治无缘，而唐代官修的《晋书》甚至专门为他立传。其实提到他，似乎只有一个字——"酒"。他留下的唯一一篇文字就是谈酒的，是有"意气所寄"之誉的《酒德颂》，宣扬老庄思想和纵酒放诞之情趣。《酒德颂》劈头而来："有大人先生，以天地为一朝，万物为须臾，日月为扃牖，八荒为庭衢。行无辙迹，居无室庐，幕天席地，纵意所如……"把天当作帐幕，把地当作席子，以太阳为门，以月亮为窗……字里行间，弥漫着极其强烈的自我意识，似乎偌大的宇宙还装不下他那平凡的肉身！鲁迅先生说："真的'隐君子'（指隐士）是没法看到的。古今著作，足以汗牛充栋，但我们可能找出樵夫渔父的著作来？他们的著作是砍柴和打鱼。"由此理言之，刘伶应是真隐士，他的主要著作是"喝酒"。在一般人眼里，刘伶常酒后失态，而细察之，并非酒后乱性而更可能是刻意而为，示其雅致高格、与众不同。他喝酒喝到兴头上时，常脱光了衣服在家里裸奔。一次，正巧客来，该客人便说了他几句。谁知刘伶把眼一瞪，反问道："我是以天地为房屋，以房屋为裤子的，你怎么钻到我的裤裆里来了？"一个人能够真正率性，又不要"脸面"，而与时代之风潮又有所契合，就可以成为"明星"。由此似可以解释"当时人"不但不斥责刘伶的酒后行为，反而赞之曰"名士风流"——"率真""潇洒""有个性"。

| 饮中八仙 |

　　曾经有过这么一次潇洒快活的神仙酒局，杜甫用诗把这种场面记录下来并传于后世。这一日，酒神酒仙，高朋满座；你来我往，举杯豪饮；觥筹交错，满座尽欢；酒色齐聚，且饮且赏；坐而论道，醉而忘忧；以文会友，以诗下酒；惟酒是务，焉知其余；豁然而醒，兀然再醉；醉里挑灯，灯下寻酒；酒中乾坤，杯中日月；酒清为圣，酒浊为贤；酒乱汝性，酒壮我胆；酒林高手，饮坛新秀；感情深厚，一口便蒙；感情不深，舌尖一添；海吃海喝，牛饮驴饮；酒逢知己，千杯恨少；三巡已过，还有六圈；六圈结束，再来十坛……

　　这么喝下去就是神仙也会醉倒啊，于是乎，就有了——"知章骑马似乘船，眼花落井水底眠"的一仙贺知章；"汝阳三斗始朝天，道逢曲车口流涎，恨不移封向酒泉"的二仙汝阳王；"左相日兴费万钱，饮如长鲸吸百川，衔杯乐圣称避贤"的三仙李适之；"宗之潇洒美少年，举觞白眼望青天，皎如玉树临风前"的四仙崔宗之；"苏晋长斋绣佛前，醉中往往爱逃禅"的五仙苏晋；"李白一斗诗百篇，长安市上酒家眠。天子呼来不上船，自称臣是酒中仙"的六仙李白；"张

旭三杯草圣传，脱帽露顶王公前，挥毫落纸如云烟"的七仙张旭和"焦遂五斗方卓然，高谈阔论惊四筵"的八仙焦遂。冠军酒局让政治走开，让杀伐走开，让一切不痛快消失，让所有快乐降临——这大约就是为什么评选盛唐饮中八仙长安酒会为第一名的重要原因了。

读杜甫《饮中八仙歌》，感觉最突出的是两个字——热闹。而热闹之中却又意趣兴然，把"饮中八仙"描绘得姿态各异，活灵活现。古人说"二士共谈，必说妙法"，这"饮中八仙"齐聚，当是怎样一种盛况啊！

虽然历史上并没有这"饮中八仙"齐聚一堂的明确记载，但我们宁愿相信有，看盛唐时各种酒会盛行一时，参与者甚众，不搞在一起都有点对不住人。这"饮中八仙"，都是当时的名人，或同朝为官，或诗文相交，或意气相投，尽管年龄相差四十多岁，他们也应该一聚。这种聚会，可能在白天，也可能在夜晚；可能在秋雨绵绵中举杯把盏，也可能在春雷阵阵里开怀痛饮。反正，如果你不能证明他们没在一起喝过酒，那你就应确信，是吧？

觴流水曲

時在壬辰年仲秋古二曲毛凱歌於長安

| 曲水流觞 |

通常而言，曲水流觞也称之为曲水宴，说的是被邀请的人士列坐溪边，由书僮将盛满酒的羽觞放入溪中，随流而动，羽觞停在谁的位置，此人就得赋诗一首，倘若作不出来，可就要罚酒三觥了。最让人难忘的是永和九年兰亭里的曲水流觞。是时也，群贤毕至，少长咸集，虽无丝竹管弦之盛，但仰观宇宙之大，俯察品类之盛，一觞一咏，岂不痛哉！雅会，诗文，还有流传千古的书法神品，让这曲水流觞，这一杯酒，盛载着真正的文采风流，倾倒无数后人，为之神往、沉醉。可惜，兰亭集会就像《广陵散》，一出现遂成千古绝唱，更像桃花源，永远变成了一个没法再寻的美梦。据史载，在这次游戏中，有十一人各成诗两篇，十五人各成诗一篇，十六人作不出诗，各罚酒三觥。王羲之将大家的诗集起来，用蚕茧纸，鼠须笔挥毫作序，乘兴而书，写出了举世闻名的《兰亭集序》，被后人誉为"天下第一行书"，王羲之也因之被人尊为"书圣"。王羲之这次兰亭之会，虽也举行被禊祭祀仪式，但主要进行了"曲水流觞"活动，突出了咏诗论文，饮酒赏景，对后世影响很大。在绍兴，"曲水流觞"这种饮酒咏诗的雅俗历经千年，一直盛传不衰。

| 抒怀寄意 |

　　善饮的文人将喝酒作为抒怀寄意的独特方式。李白谪仙人的醉态，傲气，飘逸出尘的性格，令世人惊奇。你要是认为李白只是一个嗜酒如命的酒鬼，那就大错特错了。李白的爱酒，李白的醉酒，应是一种骨子里对权贵的篾视，对不能一展生平抱负的失望，是一种对社会现实不满的放浪姿态。李白以醉来抗争，多少有点消极，但相对那些"朝扣富儿门，暮随肥马尘"的趋炎附势之辈，"安能摧眉折腰事权贵"，真是云泥之别，这醉也是其高贵品格的深刻写照。魏正始时期的阮籍，平时就是酒不离口，终日沉迷醉乡，还曾经连醉三月，逃避和司马氏结亲。难道阮籍的醉只是一种逃避政治争斗的方式？在魏晋这个乱得不能再乱的乱世，魏晋名士多死于非命，阮籍得以善终，恐怕得益他的酒醉。不管是李白的醉，还是阮籍的醉，始终让人心酸，他们本是最清醒者，最具才华的人，却不得不醉，不能不醉，不可不醉。这是个人的悲哀，更是社会的悲哀。百无一用是书生，但往往"书生意气"却是一种气节，一种风骨，一种品格。君不见现在诸君子为了升官发财，求名利，削尖脑袋四处钻营，厚着面皮到处奉迎，惯了见人说人话，见鬼说鬼话，人前是一套人后另一套。这又让人更怀念酒中高士的醉，虽然是醉得让人心酸。

| 秀　色 |

　　酒通人气，尤其茅台、五粮液，大米、糯米、小麦、玉米、高粱五谷积杂成醇，恰似生活酸甜苦辣咸五味提取精华，浓缩出的多情人生，也谓秀色可餐。秀色慰伤怀，鸟鸣洗倦心，朝夕风露，托物寄怀，乃舒心达性的良策。酒樽烈豪传，酒品风怀祭，酒道托筋骨，酒风遗壮志的杯酒人生延绵至今仍旧碰撞交盏。而酒后积攒时日触酒生情、追慕古昔，笔头千字、胸中万卷的才能与抱负，借酒抒怀，笔赞人生。万事讲求意境的国人，借美酒之清承皎月之辉，对青天发出豪情万丈，而酒口的延绵使得此境界逾转逾曲，逾曲逾深，令人玩味不已。至此酒樽间开启心灵盛宴。乘酒而兴，晾晒喜悦，是古往今来人人天经地义的乐事，乐事讲求三位列，良辰，美酒，佳人，而这美酒入怀，顿心生灵胎，辰景即刻风情入眼，细草，香生，疏松，横斜，影落，空静，小洞，幽生，佳人亦风采焕发，云想衣裳花想容，隔座而列亦心有灵犀，暖灯映得人面红，就是这酒后温柔的触目，旧物拾新颜，正可谓世间微尘里，吾爱听秀色，只享贪杯欢。

茅台"七乐"

2011年10月6日至17日，我随贵州省赴美日文化旅游推介交流团到美国纽约、亚特兰大、拉斯维加斯、洛杉矶和日本东京、横滨进行了为期11天的推介交流。一边走、一边看，一边学、一边想，在可口可乐博物馆，游客在美味吧可以品尝到来自世界各地的七十多种可口可乐产品，包括汽爽饮料、水、果汁饮料、茶饮料和运动饮料，各异其趣的口味、口感，可谓"千奇百怪"，却传递着一个明确无误的理念和价值——轻松、快乐、健康、绿色、自然。我于是联想到，这岂不正是茅台酒意蕴的强项？

茅台酒的生产、销售、消费过程，起码体现了"七乐"，七种快乐——首先是大自然的快乐。茅台已经做到生态垄断，是白酒类唯一可以进行天然发酵的，一群非常快乐的微生物群体在这里集聚"舞蹈"，酿造美酒。

其次是劳动的快乐。历史垄断，历史形成、一脉相传的工艺无人能改、无人敢改，劳动的过程就是通向琼浆美味的过程。人们只能在辛勤的劳动之后，才能品尝到美酒。

再次是生长的快乐。人们可以从观赏红高粱等作物的生长，观看和参与作物的培育、管护、收获的"从无到有""从小到大"的全过程中，体会到生之欣悦、生之形式转换的快乐。

第四是学习的快乐。作为世界三大名酒之一和大曲酱香型白酒鼻祖的茅台酒，早在公元前135年，茅台镇的酿酒师们就酿出了令汉武帝"甘美之"的枸酱酒。在中国，甚至世界，无论是文人、武夫、帝王还是平民，对茅台酒都有一种莫名的情

感。正是历史人物对茅台的情有独钟，才使得茅台能随同历史一样源远流长。在茅台酒两千多年的生命中，积淀的是文化，形成的是酒文化的圭臬，是历史与酒的亲密见证。这是茅台酒所独有的。在中国，茅台酒就是一个传奇。无论其与长征发生的关联，受国家领导人的重视成为外交酒或相伴伟人的"国酒"，还是中国股市的高价股，或者是茅台的精神价值大于产品价值……都在诉说这个中国品牌的传奇。你可以不了解白酒，但你不可以不知道茅台，不可以不知道茅台镇，正是这个孕育了传世美酒的灵地，支撑着茅台酒在中国、在世界的至尊地位。

第五是勤奋的快乐。茅台酒的整个生产周期为一年，端午踩曲，重阳投料，酿造期间九次蒸煮，八次发酵，七次取酒，经分型贮放，勾兑贮放，五年后包装出厂。在这个过程中，每一个环节都不能懈怠，才能尝到酱酒香液。

第六是友谊的快乐。贵州有一家酒厂打的广告就是："喝杯老酒，交个朋友。"酒在人类的交往中具有独特的催化作用，据一家网络公司对573名20岁到40岁的男女用户进行的一次问卷调查结果显示，有六成的人觉得"参加酒宴是一种享受"，有81.7%的人认为"酒是交际润滑油"。中国民间一直有"无酒不成席"的说法，在我们的社会生活中，一般而言，宴席都是和一定的联谊和快乐联结在一起的。

第七是豪放的快乐。酒的致醉功能可以使平时深受"社会名声"约束的人获得放松，这是人的本性的重要需要之一。"斗酒诗百篇"的豪情，"会须一饮三百杯"的豪壮，放纵一把，宣泄一回，在特定场合，以好酒促成之，不亦人生之一乐？

且说无酒不风流

——境界酒文化

"琴棋书画酒、无酒不风流。"琴达、棋智、书情、画韵，唯酒风流。这风流不与"下流"为伍，实在是高雅、雄放、鼎立时代潮流的风流，也就是"数风流人物，还看今朝"之风流。毛泽东提到的风流人物都是些什么人啊——秦皇汉武、唐宗宋祖、成吉思汗者流，且还"俱往矣"。何等风流气派。

對酒當歌人生

短歌行

我何

曹孟

数风流人物，还看今朝

此句出自毛泽东写于1936年的《沁园春·雪》：

北国风光，千里冰封，万里雪飘。

望长城内外，惟余莽莽；

大河上下，顿失滔滔。

山舞银蛇，原驰蜡象，欲与天公试比高。

须晴日，看红装素裹，分外妖娆。

江山如此多娇，引无数英雄竞折腰。

惜秦皇汉武，略输文采；

唐宗宋祖，稍逊风骚。

一代天骄，成吉思汗，只识弯弓射大雕。

俱往矣，数风流人物，还看今朝。

毛泽东1945年8月28日从延安飞重庆，与国民党谈判，10月7日，毛书此词回赠柳亚子，随即在重庆《新华日报》上发表。这首词一气呵成，环环相扣，何等气势、何等胸怀！尤其"数风流人物，还看今朝"，何等豪迈！此词真有横空出世的气魄，要说是惹得当时自我感觉不是一般良好的老蒋"七窍生烟"，也绝非夸大其词。

| 把酒酹滔滔 |

风流人物心情如何？与酒粘连在一起的时候不少，有些特有的情形，还非酒不足以表达！且看毛泽东所写《菩萨蛮·黄鹤楼》：

茫茫九派流中国，

沉沉一线穿南北。

烟雨莽苍苍，

龟蛇锁大江。

黄鹤知何去？

剩有游人处。

把酒酹滔滔，

心潮逐浪高！

这首词最早发表在《诗刊》1957年1月号上，"把酒酹滔滔"，酹是古代用酒浇在地上祭奠鬼神或对自然界事物设誓的一种习俗。这里是面对着滚滚东去的江水，一腔难以抑制的革命激情，就像是汹涌的波涛那样翻腾起伏，追逐着浪潮一浪高过一浪！何等心情！

| 谈笑把盏 |

　　毛泽东一生雄才大略，诗文惊世，但并不好酒，却也不乏与酒沾边的故事。20世纪，川人张志和算得上一位孤胆英雄了，他的"潜伏"经历，大约余则成们也就是如此。1952年，张志和写给政务院参事室的《张志和自传》中记载曾与毛泽东把盏："主席一面同我谈话，一面喝着白酒，吸着香烟，态度十分亲切和蔼。"卫立煌的秘书赵荣声也有个回忆录，忆卫立煌去延安面见朱毛的往事，其中有道："毛主席酒量大，谈笑风生，宴会历时甚长。"张志和、赵荣声都提到毛泽东喝酒，虽没有交待喝的什么酒，但以当年中央和延安方面"极其刻苦"的情况，想必不会是什么特别的美酒吧？

| 不喜欢酒的人永远不会有出息 |

　　共产党人称马克思为"老祖宗"，他有句话说得很厉害，叫做"不喜欢酒的人永远不会有出息"。酒与马克思确有很深的关系，参观过位于德国西南边境的小城特里尔马克思故居的游客都知道，那里有卖印着马克思头像的黑比诺葡萄酒。这是当地为了纪念"特里尔的儿子"伟人马克思而生产的一款中等品质的葡萄酒。据说这也是当年马克思最喜欢饮用的葡萄酒之一。马克思在流浪他乡的日子里，常常怀念的就是家乡的葡萄酒。在马克思和恩格斯的通信中，述及喝酒的有400处左右，他们在酒文化方面都有很好的认识和修养。在《资本论》等一些著作中，马克思和恩格斯也经常以酒产业的例子来阐述劳动价值，分析社会资本的构成和不合理现象。马克思说劳动创造历史，群众创造历史，实践创造历史，酒的产生，是劳动积累产生的幸福，实质上是人们在劳动生产过程中根据实践积累而得。果子掉在地上，发酵以后，动物吃了或人吃了，感觉到一种心灵的愉悦，这就是马克思主义哲学的基础解释。

| 国酒之父 |

  周恩来被尊为"国酒之父"，盖因其酒品及风度而非简单的"好酒量"。当然"好酒量"也是一个重要因素。尼克松《领导者》一书说道，周恩来回忆"过去能喝。红军长征时我曾经一次喝过25杯茅台"。又说到周恩来以烈性酒推销员的眼神和口吻说："长征路中，茅台酒是我们看作包治百病的良药，洗伤、镇痛、解毒、治伤风感冒……"1945年秋天有一个重大历史事件，即"重庆谈判"。谈判开始了，喝酒也开始了。敬酒时周恩来代替毛泽东一杯接一杯酒地干，每次都要连喝两杯。他是担心"酒里有人做手脚，放毒"。何等的酒品和人品！1972年2月21日，在人民大会堂举行的国宴上，电视摄像机拍下了周恩来与尼克松满脸喜悦地用茅台干杯的镜头，并向全世界播送，更使茅台酒伴随着这个历史性的"干杯"而名震世界。为恢复中日邦交正常化，1972年9月25日，日本首相田中角荣率230余人的庞大代表团飞抵北京。这是战后日本首相首次访华。在上海的宴会上，周恩来流露出那些年来少有的喜悦，举起酒杯频频向客人们祝酒。他与田中、大平碰杯的时候说："我真希望同你们通宵畅饮啊！但是，我还必须为你们的下次访问留有余地。"田中素不嗜酒，就是喝两口啤酒都要脸红，但听了周恩来真挚动情的话语，他深为周恩来诚挚迷人的外交风度所折服，情不自禁地离开座位，向周恩来总理、姬鹏飞外长等祝酒，也特别向大平正芳、二阶堂进等日本官员祝酒，一连喝了好几杯茅台酒。大平悄悄告诉周恩来："我还没有见过首相离开座位去敬酒呢，这是首相破天荒第一次哟。"后来，田中角荣曾经专门以诗写周恩来："躯如杨柳摇微风，心似巨岩碎大涛。"在重庆与国民党谈判时，有个背照相机的记者亲见周恩来在酒场上的情景，无限感慨地说："唉，一个周恩来就打败了整个国民党……"

對酒當歌

壬辰秋月
觀賢人偏寫於桴城

|"解决危机"|

　　1974年4月，时任副总理的邓小平代表新中国政府领导人第一次登上联合国的讲坛，出席联大特别会议后，对基辛格进行了拜访。这是中美关系于1973年初春明显升温后，由于国际形势以及双方国内政治的变动而走向猜忌和一波三折的时期。他们谈到了"水门事件"，谈到了前苏联，谈到了日本……也谈到了茅台酒，美国出版的《基辛格会谈秘录》对这次会谈有如下一段文字，"基辛格一再用中国的方式端起茅台向邓小平敬酒。基辛格的助手温斯顿·洛德开玩笑说：'我相信我们用茅台可以解决能源危机。'邓小平接过他的话幽默地问：'那我们也能解决原材料危机吗？'基辛格也以美国式的幽默作答：'我想只要喝了足够的茅台，我们就能解决一切问题。'邓小平马上接着说：'那我回国后一定增加茅台的产量。'在会谈中，这成了一段轻松的小插曲"。

| 四瓶酒 |

有一种风流，表面看波澜为惊，骨子里却透着清正廉洁的高尚风范。著名画家范曾讲述当年亲历的一件往事："那是在青联任职时，锦涛同志奉调去贵州任职，临行前请在京青联委员辞行。锦涛同志拿出四瓶酒摆在桌上，说这是我自己薪水所购，大家放心。否则，我是没有资格去任贵州省委书记的！"此事已过去多年，却弥久逾新。这不仅是因为胡锦涛自掏腰包所购"四瓶酒"所彰显的廉政品格和清廉作风，更主要的是我们从中看到了其心目中的严格的廉洁标准和干部任职的基本资格，那就是作为领导干部必须公私分明，"苟非吾之所得，虽一毫而莫取"。正因为有如是观，所以胡锦涛不仅在任职贵州省委书记之前，自掏腰包招待自己个人请来的客人，而且在成为党和国家领导人之后，仍然恪守清廉，谨记为官的基本资格，在去西柏坡学习考察时，坚持向西柏坡宾馆交付自己就餐的30元餐费。欧阳修之所以说"祸患常积于忽微"，《三国志》上之所以说"勿以恶小而为之"，《韩非子》中之所以说"千丈之堤，以蝼蚁之穴溃"，老百姓之所以说"小口不补，撕破二尺五"，就是早已预见到"小错""小过""小恶""小腐"积累起来、发展下去，必定会铸成"大错""大过""大恶""大贪"的严重后果。所以，胡锦涛20多年前自掏腰包宴客时话语中所昭示的廉政标准和为官基本资格，不仅是对历史教训的概括和总结，也是对我们今天各级官员的教诲和警示。

觞流水曲

石川造 盘院 陕西 三月 申榜 辛 壬辰 岁在

| 饮中豪杰 |

许世友是解放军高级将领，是一位战场英雄、饮中豪杰，喜欢整几盅的人都应该耳熟能详。辣椒、烈酒和野味是其所爱。从"8岁就开始喝酒"一直到去世，酒与将军结下了一生不解之缘。在长征路上，曾一次喝过"一脸盆"。在生命临近最后的时刻，其女儿伤心地问医生有没有什么办法让他站起来一次，医生犹豫地说："除非给他一杯酒。"他没有什么遗留，惟有在他的桌子里、床头柜中、沙发旁找到了老战友送给他的18瓶茅台酒。将军去世后，专门陪葬了一瓶茅台酒，了却了这位叱咤风云的武将与酒的一生之缘。许世友的祖父、父亲和叔父都是酒场中的豪杰，这种家庭环境的影响，使许世友深喜"杯中之物"。许世友酒量大增并嗜酒成癖，源自于他的义父——少林寺和尚素应法师。在少林寺8年，许世友向素应法师学会了两样本领：一是武功，二是喝酒。许世友曾拍着肚皮说："在中国，要是我都没有酒喝了，谁还能有酒喝！"80年代茅台奇缺，有人开玩笑说，找瓶茅台比找个老婆还要困难。当时的江苏省计委专门为许世友发了文件，按政治局委员的标准，每月给他6瓶酒。

链接

酒器·一

　　用什么器皿来盛酒，无疑是一个有趣的话题。比较国人与洋人，前者饮酒较重情绪上的宣泄，后者则较重饮时的方式和口味，这对酒器的使用和认识有较大的影响。酒是一种媒介，酒器酒具更是一种媒介。说起中国酒文化，就不得不提到我们的酒器和酒具。酒器酒具在中国古代有着非常广泛的社会功能，其中最基本的，当然是直接与酒相关，即盛储、温煮和饮用等；而最重要的，则是随着礼制的形成与发展，酒器成为礼器的组成部分，成为人们社会地位的标志物和等级制度的载体。

　　洋人对于酒和与其搭配的酒杯很讲究。比如喝威士忌，其酒杯杯口大小不拘，只须便于加冰和加水即可。这是因为喝威士忌较随意，可以喝纯的，较浓烈够味；可以加冰块，口感丰润，不烈不呛；可以加水，酒味较淡，但香醇依旧；可以加冰又加水，清凉淡薄，沁人心脾等。而品白兰地，就一定要用肚大口小的白兰地杯了。杯中一次只倒约一盎司，玻璃杯置于掌心，以掌心的热度温酒。喝酒时先晃动酒杯，以鼻子闻其酒香，然后浅酌体会它的香味。搭配海鲜食物喝的白葡萄酒，宜冰凉低温时入口，酒杯的杯口不能太大；而搭配肉类饮用的红葡萄酒，适合室温时入口，所以杯口可以较大；香槟酒杯一般是杯口大、杯底浅。

链接

酒器·二

国人对于酒与酒杯的搭配无甚讲究，倒是对酒器本身情有所钟，故中国的酒器自成一系。在商代，酒器就有爵、角、觥、觯、觚、杯、卣、樽等种类，在周代，从贮酒的钟、彝到盛酒的铛、觞、斛，皆十分精美。诸侯宴客的规格一般就可以从酒器中体现出来。各式酒器也往往是主人财富与身份的显示。

在新石器时代，已有陶制专用酒具，至商代则出现青铜酒器。至汉代，出现了玻璃杯、海螺杯、玉杯等精致酒器。特别突现的是漆器。这些盛酒用的壶、钫、耳杯、笆杯等，光彩夺目。马王堆汉墓出土的酒杯，便有红、黄、白、金、绿、灰、孔雀蓝等诸多颜色。唐以后，出现了金、银酒器，成套的金银酒器往往为皇室和豪富所拥有。唐代以玉质酒器为美，诗句如"玉碗盛来琥珀光""葡萄美酒夜光杯""一片冰心在玉壶"等即为例证，到明、清，酒文化已臻大成，风雅文人们为自己使用的酒器赋予各种美名，如：铜鹤樽、流光爵、甲子觚、夜光常满杯、玉交杯、紫霞杯、熊耳杯、双兔杯、鸾杯、九曲杯、碧筒杯、葡萄笆、木兰蕉叶盏、莲盏、犀杓、翠杓、紫瑶觞、白羽觞、九霞觞、碧玉壶、缥缈壶、银罂、瑶罂等。总的看来，洋人喝酒重品味和文化，国人则重情绪和排场，故对酒器的使用和认识各异其趣。

|“醉眼”中的朦胧|

鲁迅先生有“中国的脊梁”之誉，1937年毛泽东在陕北公学纪念鲁迅逝世一周年的演讲中说：“鲁迅在中国的价值，据我看要算是中国的第一等圣人，孔子是封建社会的圣人，鲁迅是新中国的圣人。”鲁迅也多有饮酒之事，他的日记中记载，某晚看望朋友，“饮酒一巨碗而归……夜大饮茗，以饮酒多也，后当谨之”。另一次，“夜失眠，尽酒一瓶”。在写给许广平的一封信中，鲁迅记述到：1925年端午，“喝烧酒六杯，葡萄酒五碗”。翻阅鲁迅1912—1936年的日记，可判断大凡有酒事必记，或自饮，或公宴，或朋友相招，或治馔待客。鲁迅对酒的态度，他自述是这样的：“其实我并不很喝酒，饮酒之害，我是深知道的。现在也还是不喝的时候多，只要没有人劝喝”；“太高兴和太愤懑时就喝酒”。鲁迅素来爱憎分明，若性情不投之人相邀，或是逢场作戏的公宴，他常拒而不赴，或半途告退。若朋友相聚，酒逢知己，则开怀畅饮，以至大醉；郁寂之时，借酒浇愁，只为麻醉自己，也会酩酊；逢年过节，添酒治肴，聊以寄托乡思，但愿长醉不醒；目睹黑暗和血腥，在抗争中绝望，又在绝望中抗争，更是酒已尽，言难尽，意难平。酒，也是鲁迅笔下频繁出现的重要意象元素。鲁迅诗中，有早期“兰艭载酒橹轻摇”的轻快恬适，亦有“把酒论当世，先生小酒人。大圜犹茗艼，微醉自沈沦”的愤世嫉俗；有“深宵沉醉起，无处觅菰蒲”的深广忧思。鲁迅小说中也不止一次呈现这样的情景，一个游子落魄归乡，在一家酒楼

上与旧友相逢，两人在怀乡和潦倒的愁绪中相对举杯，共谋一醉。酒，还清晰地折射出鲁迅"荷戟独彷徨"的影子。在那个风雨飘摇、寒凝大地的年代，一个清醒的灵魂必然是痛苦的。许多先觉者面临着或抗争或沉沦的选择。鲁迅从未忘记一个战士的使命，为了国人的觉醒，为了民族的自强，他没有逃避，而是向着几千年来的黑暗阵营，毅然决然地举起了投枪。

　　鲁迅因酒而遭到同一阵营的错误批评乃至攻击，发生在1928年的上海。当时创造社中人就一面宣传鲁迅怎样有钱、喝酒，一面又诬栽他有杀戮青年的主张。有人说他"常从幽暗的酒家的楼头，醉眼陶然地眺望窗外的人生"。为此，鲁迅写了《"醉眼"中的朦胧》等一系列文章迎头反击。鲁迅既赞赏金刚怒目式的直面抗争，也深深理解阮籍式的借醉酒保护自己的处世态度。他在《魏晋风度及文章与药及酒之关系》中，深刻地剖析了阮籍狂诞自傲的背后强烈的愤时忧世之心。鲁迅判断："且夫天下之人，其实真发酒疯者，有几何哉，十之八九是装出来的。" 林语堂这样素描鲁迅："路见疯犬、癫犬及守家犬，挥剑一砍，提狗头归，而饮绍兴，名为下酒。此又鲁迅之一副活形也……然鲁迅亦有一副大心肠。狗头煮熟，饮酒烂醉，鲁迅乃独坐灯下而兴叹……于是鲁迅复饮……乃磨砚濡毫，呵的一声狂笑，复持宝剑，以刺世人。"

漏船载酒泛中流

鲁迅先生有《自嘲》诗一首：

运交华盖欲何求，未敢翻身已碰头。

破帽遮颜过闹市，漏船载酒泛中流。

横眉冷对千夫指，俯首甘为孺子牛。

躲进小楼成一统，管他冬夏与春秋。

这首诗，鲁迅以自我戏嘲为题，写自己的危险处境和在这样处境中的心态，以"自嘲"表现自己义无返顾的信念，也显示出鲁迅"作为一个成熟了的思想战士的特点"（《琐忆》）。第一句就写到"华盖"，其含义在鲁迅的《华盖集》"题记"里有个解释："听老年人说，人是有时要交'华盖运'的……这运，在和尚是好运：顶有华盖，自然是成佛作祖之兆。但俗人可不行，华盖在上，就要给罩住了，只好碰钉子。"鲁迅的确在慨叹：交了倒霉运还想希求什么，连身都不敢翻还碰了头。一顶破帽子遮住脸从街市上过，破船载着酒漂浮在水流中。我就是横眉冷对千夫指，也心甘情愿像头老牛一样对待孩子。躲进小楼成就自己的一统天下，外面的世态炎凉由它去吧。另有意趣的是，鲁迅"漏船载酒泛中流"，其船中不载其他东西，而载酒。同时，在"漏船载酒泛中流"时，仍坚持"横眉冷对千夫指"的抗争，尽管看起来有些孤独，而这种民族历史的责任，却也真是高风亮节，令人感佩。

| 貂裘换酒也堪豪 |

秋瑾被孙中山先生誉为"不爱红妆爱武装"巾帼英雄,对酒有一种意气风发的独到见地,有人以"酒·剑·火焰"来刻画秋瑾的形象,应是恰当的,其《对酒》诗云:

不惜千金买宝刀,

貂裘换酒也堪豪。

一腔热血勤珍重,

洒去犹能化碧涛。

"对"即对诗、对歌,"对酒"就是"写诗饮酒"之意。"貂裘换酒也堪豪"的诗句,简直是放在读者心里的一枚烈性炸弹,貂皮制成的衣裘为女人们所钟爱,却拿去换酒喝,这是何等的豪爽风流!美酒壮胆,紧攥宝刀,我们似已看见历史的天空中,燃烧着秋瑾"何时尽伐南山竹,细写当年杀贼功"的万丈火焰!秋瑾以一女子作此诗,虽说是仅短短四句,却句句铿锵有力,字字掷地有声,表现了一位革命女侠她轻视金钱的豪侠性格和杀身成仁的革命精神,以酒抒发为正义事业赴汤蹈火的激越情怀和英雄气概,读来让人震撼!

|大 气|

余秋雨在《何谓文化》中写到，谢晋为了表现精力充沛，"原来就喜欢喝酒与别人频频比赛酒量"的他，端起酒杯说："秋雨，你知道什么样的人是真正善饮的吗？我告诉你，第一，端杯稳；第二，双眉平；第三，下口深。"说着，他又稳又平又深地一连喝了好几杯。是在证明自己的酒量吗？不，我觉得其中似乎又包含着某种宣示。"只要他拿起酒杯，便立即显得大气磅礴，说什么都难以反驳。"这是酒品中人品的最好诠释，是为谢晋一身之正义大气之一证。

链接

千叟宴

1785年，乾隆皇帝邀请了约3000名老人，在乾清宫举办千叟宴。被邀人中有皇亲国戚、前朝老臣，也有从民间奉诏进京的老人。当时被推为上座的是一位最长寿的老人，据说已有141岁，也算真是序长不序爵了。当时乾隆和纪晓岚还为这位老人做了一个对子，"花甲重开，外加三七岁月；古稀双庆，内多一个春秋"。上联说的两个甲子年是120岁，再加三七二十一，正好141岁。下联说古稀双庆是两个七十，再加一，正好141岁，堪称绝对。在这次豪宴上，乾隆皇帝亲自为90岁以上的寿星——斟酒。老人们则争先恐后，一边说着"多亏了朝廷的政策好"，一边大快朵颐。据说晕倒、乐倒、饱倒、醉倒的老者不在少数。这场浩大酒局，被当时的文人称作"恩隆礼洽，为万古未有之举"。千叟宴始于康熙，盛于乾隆时期，是清宫中规模最大，与宴者最多的盛大御宴，其影响力似乎比现在的春节团拜会还要大得多。

| 向往醉一次 |

舒婷应是现代朦胧派代表诗人，她对酒的态度很有意思："我也常常向往醉一次，至少醉到外公的程度。还因为我好歹写过几行诗，不往上喷点酒香不太符合国情。但是酒杯一触唇，即生反感，勉强灌几口，就像有人扼住喉咙再无办法。有一外地朋友来做客，邀几位患难之交陪去野游。说好集体醉一次。拿酒当测谎器，看看大家心里还私藏着些什么。五人携十瓶酒。从早上喝到傍晚，最后将瓶子插满清凉的小溪，脚连鞋袜也浸在水里了。稍露狂态而已，归程过一独木桥，无人失足。不禁相谓叹息：醉不了也是人生一大遗憾。最后是我的一位二十年友龄的伙伴获准出国，为他饯行时我勉强自己多喝了几杯，脑袋还是好端端竖在肩上。待他走了之后，我们又聚起来喝酒，这才感到真是空虚。那人是我们这番伙伴的灵魂，他的坚强、温柔和热爱生活的天性一直是我们的镜子。是他领我找寻诗歌的神庙，后来他又学钢琴、油画，无一成名，却使我们中间笑声不停。我们一边为离去的人频频干杯，一边川流不息地到楼下小食店打酒。我第一次不觉得酒是下山虎了，也许因为它已下山得逞，不像从远处看去那么张牙舞爪（《斗酒不过三杯》）。"舒婷这一些有关酒的自叙文字，可看出她这位对酒神的幻想，对酒和以酒及情、以情蕴酒的深切体验，真是千般怜、万般爱，自成一种风流，读来让人柔肠百结，不胜唏嘘。

| 其道深远 |

喝酒并不难，量大量小实可自在而为。要说其难，就是在对于酒的品味，领悟其内在精髓。《北山酒经》说得比较到位，酒渗透于人世间的祭祀活动、社交礼仪、贵族百姓、雅文粗作等社会生活的各个方面，谓之"无一可以缺此"。要想品味领悟出酒之究竟，简直是太难了，《北山酒经》谓之"其道深远""其术精微"，"非冥搜不足以发其义""非三昧不足以善其事"。

当然，再深远的"道"也是"道"，我们也可以通过现象——无论自然客观还是社会主观找出一些道道来的，并非完全摸不着头脑。古人对此有相当不错的体会和总结，其中《幽梦影》要算是代表作之一。比如，"若无花月美人，不愿生此世界"，"若无翰墨棋酒，不必定作人身"。这里，"花月美人""翰墨棋酒"对应于"生此世界""定作人身"，将一种自然客观的要求与一种人的情感审美的社会主观要求变为因果关系，含蓄着二者结合便生佳境的意蕴。值得很好注意的是，纽结二者以成就佳境的"催化剂"或曰"发生源"放在了"酒"上，酒也在这里找到其符合自身特质的位置，这岂不是酒之"其道深远"之一吗？是以"有青山才有绿水，水唯借色于山；有美酒便有佳诗，诗亦乞灵于酒"。不过，在肯定"有美酒便有佳诗"的同时，又辩证地下了个判断——"能诗者必好酒，而好酒者未必尽属能诗"。何也？《幽梦影》只提出了问题，窃以为乃创作者个体的差异，涉及其性格、习惯、悟性、文化修养和见识学问等各个方面。

| 酒中人生 |

诗人艾青有一首著名的《酒》诗：

她是可爱的/具有火的性格/水的外形/她是欢乐的精灵/哪儿有喜庆/就有她光临/她真是会逗/能让你说真话/掏出你的心/她会使你/忘掉痛苦/喜气盈盈/喝吧：为了胜利/喝吧：为了友谊/喝吧：为了爱情/你可要当心/在你高兴的时候/她会偷走你的理性/不要以为她是水/能扑灭你的忧烦/她是倒在火上的油/会使聪明的更聪明/会使愚蠢的更愚蠢

艾青是独到的，把酒的多样性的性格很形象地作了描摹，并与一个人生存于社会中的人生体验浓缩于诗作之中，以艾青之性格与经历，以艾青的声名与才情，这首诗的确值得玩味。

邹士方著《朱光潜、宋白华及酒与茶》中记述，称朱光潜先生性格如酒，一生与烟酒为伴，一小盅白酒是他餐桌上必备的饮料。朱先生说："少喝一点酒，舒心活血，益智安神，睡得香甜。"红学大师冯其庸从64岁开始重从玄奘路，六次去甘肃，七次去新疆，75岁高龄登上五千米的红其拉甫口岸和明铁盖达坂，越是人迹罕至之境越能激发他的豪情。在大漠，他一次喝下一斤白酒！酒醉后狂毫挥笔。

金樽对月

赏析李白咏酒诗篇的代表作《将进酒》，其豪气风流，直逼肺腑：

君不见黄河之水天上来，

奔流到海不复回。

君不见高堂明镜悲白发，

朝如青丝暮成雪。

人生得意须尽欢，

莫使金樽空对月。

天生我材必有用，

千金散尽还复来。

烹羊宰牛且为乐，

会须一饮三百杯。

岑夫子，

丹丘生，

将进酒，

杯莫停。

与君歌一曲，

请君为我倾耳听。

钟鼓馔玉不足贵，

但愿长醉不复醒。

古来圣贤皆寂寞，

惟有饮者留其名。

陈王昔时宴平乐，

斗酒十千恣欢谑。

主人何为言少钱，

径须沽取对君酌。

五花马，

千金裘，

呼儿将出换美酒，

与尔同销万古愁。"

《将进酒》原是汉乐府短箫铙歌的曲调，题目意绎即"劝酒歌"，故古词有"将进酒，乘大白"云。这首诗以两组排比长句发端，大河之来势不可挡，大河之去势不可回，涨消之间，挟天风海雨，舒卷自如。紧接着是时间穿越，"朝""暮"之间已是青春年少至白发成雪。于是自然恒久伟大而生命短暂渺小之义挤压而出，却又有一种顽强含蕴其中。"夫天地者，万物之逆旅也；光阴者，百代之过客也。"话锋一转，作为当下的人的生活生存，其意义却在"人生得意"，倡导"须尽欢"，爆发而出"莫使金樽空对月"——行乐不可无酒。而且还要金樽对月，将饮酒诗意化。此处是人生豪情，决不是"菜要一碟乎，两碟乎？酒要一壶乎，两壶乎？"而是"烹羊宰牛"，不搞他个"三百杯"决不罢休。高声劝酒的来了，同时还"与君歌一曲，请君为我倾耳听"。人生态度、人生追求和对人生的价值评判随之而来，酒后吐狂言或真言，富贵算什么？但愿长醉不复醒；慨叹圣贤皆寂寞，还是喝酒好，饮者留其名，且是"惟有"。于是即便千金散尽，就算将贵宝物——"五花马""千金裘"用来换取美酒，一醉方休，与尔同销万古愁，进入近乎永恒之态，酒中乾坤，岂不是人生应有之境！

| 境　界 |

　　饮酒要讲境界。酒的境界在生活中多姿多彩。高雅之士讲"酒逢知己饮，诗向会人吟"，这是一种通过酒来增进感情的社交手段。也是一种很高的品酒层次。对普罗大众而言，便是"相逢不饮空归去，洞口桃花也笑人"，感情就非常质朴了，又有"白酒酿成缘好客，酒中不语真君子"的说法。这里的 "酒中不语真君子"与孔子说的"惟酒无量，不及乱"意蕴相通。就是说君子出自于本然，而小人其本意里更多的是流露出种种算计、处处心机，喝酒以后，这些算计和心机就很容易表现出来了。酒实在已深入社会生活各个角落，并持续产生着弥足深远的影响。有人极而言之，一壶浊酒喜相逢，古今多少事，都付笑谈中——人生在世，最乐处莫过于一醉也。任你山穷水也尽，任你柳暗花不明，只要有美酒醍醐灌顶而下，顺势直入心脾深处，大事小事便顿时化为乌有，天地万物即刻视作无物。以举若飞升之体态，醉眼迷离之秋波，让世界在你眼前彻底跳起舞来。此时此刻，不享尽人间酒醉之极乐，更待何时？《三国演义》开头，刘、关、张三人在桃园宣誓结义。祭罢天地，在园里痛饮一醉。这一醉，兄弟三人从此生死同心；这一醉，演绎出天地间最令人称赞的忠义豪情。酒之于社会、历史、文化、人生抑或社会、历史、文化、人生之于酒之间关系的命题，也必将持续言说下去。《列仙传》有云"醉后乾坤大，壶中日月长"。醉意盎然之际，乾坤日月，也无非一壶酒。这且不与我心即天地的大境界，与"一花一世界，一叶一如来"之意境相通吗？

链接

酒器·三

中国古典名著中，具体描写酒器的不在少数。比如《西游记》，所描写到的酒器就有——金卮、巨觥、玉杯、鹦鹉杯、鸬鹚杓、鹭鸶杓、金叵罗、银凿落、玻璃盏、水晶盆、蓬莱碗、琥珀盅、紫霞杯、双喜杯（交杯盏）、三宝盅、四季杯、大爵等，真可谓不一而足。再看《水浒传》中写到的酒器，更是五花八门，琳琅满目，大小精粗兼备。仅器量就有"担、桶、瓮、杯、盏、壶、碗、葫芦酒、角、旋、盅、樽、瓢"等。大型号为担、桶、瓮，中型号为瓢、角、旋、碗、壶、葫芦，小型号为瓶、杯、盏、盅；粗俗的葫芦、瓷瓮；普通的瓷杯、小盅；华贵的金杯，嵌宝金花盅等。不同人物，酒器各异，武松来的是"大碗酒"，以此表现英雄海量，衬托武神勇；李师师则用"小小金杯"，表现不同凡响的尊贵身价。在荒无人烟的旷野，大雪纷飞的寒冬，一个看守草料场的"犯人"去打酒取暖，也只能用"酒葫芦"吧；而白胜在黄泥冈兜售蒙汗药酒，使用瓢具也很切合环境特点。至于张都监、张团练在鸳鸯楼饮酒作乐，使用的是"小酒盅子"，这倒不是想表明他们酒量小，而是借喝酒来发泄得意，他们悠然地喝酒赏月，正等着杀死武松的喜讯哩。

| 懂酒善饮 |

　　酒在我国有着悠久的历史，至少不下三千年了。殷人已怪嗜酒而闻名。这么长的时间，懂酒者、善饮者当然多如牛毛。今人对懂酒者，善饮者的做派，真正知之的不多。我们记住了"晚来天欲雪，能饮一杯无"，是白居易的闲趣，记住了"一曲新词酒一杯"，是晏殊的雅致。还记住了在"酒入愁肠，化作相思泪"中独悲的范仲淹……不论喜也好，悲也好，也不管是私情，还是大义，总是少不了酒，而且也是非酒不可，换了饮料就不是那个味道了。杜甫的《饮中八仙歌》，勾画八人的酒态醉意，活灵活现，要是换成清醒的喝水人，还会有这种妙不可言的神态和韵味吗？我们将酒与茶作个比较，喝茶可以清心、可以消倦、可以陶情，这是个极大的好处，但茶却不能像酒那样让人酣畅淋漓、意气风发，甚至飞扬跋扈！茶让人内敛，酒教人张狂，所以，在文学史上，著名的茶客极少留名，但出名的酒中好汉却比比皆是。古来圣贤皆寂寞，唯有饮者留其名，李白说得大有道理。另一句话：酒可当茶喝，茶不能当酒饮。茶是怡情养性，酒更能托怀寄意。心态平和，多爱茶；心中不平，自爱酒。酒与茶确实是各有特点，不可作简单的比较。

　　由此想到贵州省十大风景区之一的安龙招堤荷花池畔、半山亭上，刻有当年"洋务运动"时期著名领导人物之一的张之洞先生在11岁时所作《半山亭记》，读来让人感慨的优美辞章。而更为饶有兴味的是，涵虚阁上有一幅对联，语曰"携酒一壶到此间畅谈风月，极目千里问几辈能挽河山"。本是"畅谈风月"，却在"极目千里"中表现了"国家兴亡，匹夫有责"的强烈情怀。这种情怀的产生，酒所起到的激发和推波助澜作用是明显的。据了解，一位领袖人物到此，念诵着这副对联击节而歌。

| 酒肉穿肠过 |

"酒肉穿肠过，佛祖心中留"原本是一段悲情历史。说的是明朝张献忠攻打渝城，强迫和尚吃肉。当时有个叫破山的和尚为了数千百姓的生命，说只要不屠城就吃肉。破山和尚一边吃，一边说出了这句话。对和尚而言，道理是佛菩萨应化在六道里，特殊状况之下也可采取特殊方式去教人开悟。净空法师就说："也有敬酒，我只喝一杯，所以很多人说净空法师破戒了。这是开缘，你要晓得有多少人因此而接受佛法，而且我没有叫他们准备酒给我喝。喝酒要守住原则，不能乱性，不能喝醉，譬如我喝酒有一斤的酒量，我只喝四两，决不会醉，所以佛有开缘。"破山和尚与净空法师的区别在于，前者是被迫被动的，后者是主动而为的。对佛家讲戒酒，是否也可以这样理解，因为酒是通神的媒介，如果一个人六根不清净，喝了酒后与神相通，这不就把"神"搞乱了吗？一旦搞乱，这套学问就很难实现。如果真正是六根清净的人，也就是进入他们那个道行里面的人，佛家这些大师、达到更高境界的人，在实际上，戒不戒酒是没有多少意义的。像济公长老、金山活佛，什么忌讳都没有，他们心里真有佛、有真佛。

菩萨应是理论结合实际的思想家和践行者，他深知世间的那些凡夫俗子就算

舍弃佛法修行，也很难舍弃饮酒的习俗。因此"以方便法引导大家修行"。只要不是专为过瘾解馋，在某些特定情况下，允许少喝点酒。重点是让人接受佛法，要起到度人的作用。这是佛法的境界："可正饮，不可邪饮。"

密勒日巴尊者和济公活佛都有一段和酒有关的故事。冈波巴是密勒日巴尊者的亲传弟子之一，当年他遇见生命中注定的上师密勒日巴尊者时，尊者给了他一个盛满酒的嘎巴拉（颅器杯）。冈波巴当时即抗议，喝酒违反戒律。尊者却微笑地向他保证，最高的戒律精神就是服从上师的指示。就这样，冈波巴毫不迟疑把酒喝了。当时，密勒日巴尊者便知道冈波巴就是自己的法嗣了。其实，经过加持的嘎巴拉（颅器杯）内装满的酒，通常是象征智慧转化的甘露。济公活佛随身携带酒水葫芦，每次行事总是带着醉意，他这样做是为了度化众生，就他本人而言，是完全不需要喝酒吃肉的。我们要用慧眼来看待济公的吃肉喝酒：是度化众生的方便，用这样的融入俗世的方法、贴近大众的方法来导化大众。这也应是佛家对待"酒"的一个方法论上的基本要领。

| 守望茅台 |

茅台酒，天下何人不识君。1979年秋，黄金大道色彩斑斓、格外耀眼，花溪宾馆遇日本仙台客人，一位医师，问是否知道"贵州"，一口河南腔调的普通话，"早知道，贵州茅台！"2009年至2011年间，陪同王富玉先生多次出访欧美，搞"文化交流"，到了不少地方，看了不少玩意，与"老外"打交道，印象最深的非"贵州茅台"莫属。全球知名度，绝不是空话，对酒的知悉，表面上在日常生活中，举手投足间，而其传承和底蕴，恐怕大有深意。"……代替神祇传达其神圣旨意的人在下达神谕前通常会喝许多奇查酒（用玉米酿造的一种酒）"（见［英］特雷弗·科诺《人类智慧小史》）。

做出一个产品，代代相传，在"惊天动地"中耸立于世，其"根脉"是不朽的。而承载着政治、经济、历史、文化、地理、氏族各种内涵的"根脉"，离不开一代又一代集中于人——群体的人，特别是"伟人""匠人"的维持和呵护，"鸣"世不易，"存"世辛劳，"传"世唯艰，哪怕半分心都松懈都不允许。历数顺境逆境，回望坎坷曲折，关键节点每每令人唏嘘不已，历史事件表象下的多少先辈付出了多少汗水和心血。我们看1935年红军"四渡赤水"给茅台酒烙上"红色印记"后，老一辈革命家的关注关心给茅台酒注入了深厚的生机、生命、生生不息的内涵。

守望茅台

李克良 庚子初夏

茅台酒内在的立足之本，综合天文地理人文的存在，需要多少精进而前行、耐得住寂寞的工匠们啊！全球当代"酒粉"一族，说起茅台酒都会知悉"季克良"，这位循酒道从未歇脚而行的近乎于"圣人"的存在。他说，为什么这么多人"炒"茅台，是他告知了天下人，"保茅台质量"。作家叶辛先生是这样说的："在茅台镇转，有不少酿酒世家。在这些可以追溯的酿酒世家中，流传着自古老祖宗说的六个字'倾一身 为一事'。季克良兄是江南人，他不是土生土长的茅台人，但他是用一辈子的人生，在诠释这六个字，实践这六个字，所以当代的茅台人，当代的贵州人和中国人，说起茅台酒就会讲到季克良。这决不是偶然的。"

茅台酒的故事摆不完，昨天、今天、明天，动人的故事还在不断茂盛生长。诗人杨杰，内心仰视、笔尖柔软，奉出呕心沥血长诗《守望茅台》："赤水河、茅台酒、季克良/相互守望，个性着，有信仰、回归本初，执着。"《孟子·滕文公上》："出入相友、守望相助，疾病相扶持。"深入体味，"守望"真是了之不得，本然渗透"宗教"意味，贯穿历史，贯穿"天地人"，在"守望"中，生活才有了深刻，心灵才有了充实，生命才变得丰盈，这里有信念、有坚守、有祈盼，我们的亲情、责任、未来……太多太多的珍贵值得"守望"。

畅游酒文化之海洋，各种涉及酒文化的文献汗牛充栋，撷其片言只语，已足令人解颐。笔者的一点私心倒是在于，让当今浸淫于物质之中而几乎物质化的芸芸众生，"对物质、金钱、财富的敏感度远远超过文化（洪晃语）"的各色人等，能够有一点时间，哪怕很少，对物质功利说声"放下"，荡起一种积极的人生态度，能有一种乐观向上而不是怨天尤人的心情，已足矣。

事实也似乎在支持我的想法，大凡欣赏到好的作品，大家很容易与酒挂钩。《人民文学》推出的《银鱼来》，贵州作家冉正万的作品，中国作协在北京开研讨会，被评为一部高质量的长篇小说，有读者的评论与酒联系在一起，说《银鱼来》"就像是一瓶陈年老窖，虽不烈，但摄人魂魄；虽不艳，但醉人心神"。写作期间，收到蒋兴勇先生的赠书，也是心有所动。"长期在省直机关工作，挤出闲暇业余创造，无疑是选择了一次苦旅。"这是他自己说的。苦旅的成果是《且听风吟水舞》，他的想法是——若能担当道义、积累人生、突破自我，这种漫长付出也挺值得。《人民日报》高级编辑孔晓宁予以高度评价，也用了"酒"来喻说，似乎不用"酒"则难达意："他的文章如同浓酽的贵州土酒，不仅带有鲜明的贵州风，而且细腻醇香，飘洒俊逸，释放出浓浓情意。"对此说，尤其是里面透出的飘洒俊逸，浓浓情意，真诚乐观，释放出贵州土酒的正能量，我是敬佩的。其间甘苦，真是只有自知，恰如《红楼梦》作者曹雪芹所言："满纸荒唐言，一把辛酸泪。都云作者痴，谁解其中味？"虽大小不一、年代不同、影响有别，但其理一也。且读一首诗：

月是故乡明，酒数贵州好。

世间多佳酿，黔中醇独妙。

稻粱炼精华，烈火熔脂膏。

竹海氤仙气，赤水酝灵药。

山魂聚精神，水魄和人道。

玉液显神功，琼浆赖天造。

满河尽美酒，两岸皆春醪。

造化上千年，问史追汉朝。

山高我为峰，一览众山小。

茅台醉天下，美名贯九霄。

古今多少事，与酒多神交。

酒是国人魂，把盏论天骄：

孟德醺横槊，怀素醉挥毫。

东坡问明月，屈子赋离骚。

羲之书兰亭，稼轩剑出鞘。

陶令采东篱，清照昂瘦腰。

温酒斩华雄，关公意气豪。

三碗降猛虎，武松威名高。

醉拳镇凶顽，提辖讨公道。

李白诗百篇，天子呼不到。

曹刘论英雄，煮酒梅正夭。

周公频举杯，国门友如潮。

润之指江山，把酒酹滔滔。

国共"胡连会"，琼浆倾同胞。

英雄爱美酒，美酒助英豪。

英雄与美酒，千古同其道。

贵州多美酒，环球竞楚翘。

莫言黔道险，深山藏国宝。

昔时王谢珍，今日百姓肴。

诚招天下客，一举千杯少。

群贤各路至，豪情干云霄。

酒长英雄胆，山挺壮士腰。

扫除拦路虎，架起致富桥。

美酒汩汩流，黎民富腰包。

长我黔人志，还我苗岭娇。

驱贫送瘟神，明烛照天烧。

乌蒙多巍巍，雄鹰任扶摇。

夜郎何灿灿，翘首看今朝。

美文写美酒，气度自不凡。这是李报德先生的大作《美酒赋》（又名《国酒赋》）。2011年岁末，栗战书同志对这首古体诗做出批示："气势磅礴，美哉壮哉！"并提出了见地颇深的修改建议。之后，在作者修改稿上又示："是否可上宣传资料或镌刻于石碑、壁墙、展室？"此赋气势磅礴，文气豪情可堪上品。值得引起深思的是，作者强大的正能量和乐观向上的人生态度，诚如《贵州日报》发表的一篇评论所言——作者保持着一种"惬意的心灵牧歌"的精神和心理状态，这在物质化甚嚣尘上的当下，真是难能可贵。

在这里想到一位先生，他是荣获2012傅雷翻译出版奖的翻译家郑克鲁，搞文学翻译，数十年默默耕耘，他说："我喜欢翻译，译书的过程中，我觉得是一种享受；如有自认为译得不错的地方时，便感到一种快乐；译完一本书，我觉得了却自己的一个心愿，完成了一项重要的使命，所以乐此不疲。"又想到马悦然先生，他真正深入地研究多涉冷门，而又长期坚持不懈、乐此不疲，有人问"为什么"，他的人生态度委是乐观轻松："为了爱好而工作（Work of Love）。"

最后，我愿将我的导师——百岁老人徐中玉先生最钟爱的一句话放在这里作结，与大家分享："世事洞明皆学问，人情练达即文章！"

重印后记

　　翻看《酒文化片羽》感触颇深，封底"世事洞明皆学问，人情练达即文章"是2013年徐中玉先生的绝笔，当时，我们几位关门弟子按当地习俗，办酒庆贺先生"百岁寿辰"。

　　徐先生一生在待人处事、研究学问的方方面面，都与这两句话有关联。封三中有十位同志的姓名。这十位同志每一位都是大师、大家。作审校的是贵州大学人文学院教授，中华辞赋研究院研究员，贵州省文史馆特聘研究员王晓卫。《酒文化片羽》的出版与王晓卫先生有很大的关系。当时我完成书稿后心里没底，因为书中涉及的古代典籍、文献太多。晓卫先生整整花了40天逐字逐句进行了审校。

　　陈争先生是贵州画院院长，本书中他的插图追求"致醉"而功力力透纸背的效果。王志平先生是河北省书法家协会会员，河北美院客座教授，他的"太白邀月图"意境饱满。鲍贤伦先生，是我贵州大学七七级的同学，浙江省书法家协会主席，在中国美术馆办过个展，很厉害。雷珍民先生是中国书法家协会理事，陕西省书法家协会名誉主席，封面题字就是他的作品。特别要提一下的是王霖先生，他是南京艺术学院艺术研究所书法篆刻专业副教授，他的作品每一笔每一画都是精品。

　　20世纪80年代，我撰写《金瓶梅》《红楼梦》两本书中的生命-时间观念之比较的文章，发现两部名著里描写的酒各有特色，引起极大兴趣，从此开始搜集有关酒方面的资料，并写了不少小文章，直到2012年完成初稿，期间不断进行修订。初稿完成后，出版社建议对体例进行一些修改，于是我把初稿全部打乱，分成每个小章节来进行，每一小段讲述一个故事，变成札记式的文本。书籍出版之后很快第二次印刷。2011年酒博会期间，《贵州日报》整版刊发《酒文化片羽》署名文章，12月《人民日报》刊载核心内容。

书中的"酒必祭、祭必酒"是核心概念，这是"通神"的，贯通了几千年来酒文化的源头。现实生活中，有两句话值得注意，一句是"柴米油盐酱醋茶"，另一句是"琴棋书画诗酒花"，这里面的奥妙在于：一是物质层面的，一是精神层面的；一个满足生理生命需要，一个满足精神生命需要。前一句中，茶排在最后，是可以"扭转乾坤"的，这是因为茶具有双重性；后一句属于精神层面，饮酒被归入，在这里，扭转乾坤的其实是"花"，比如"拈花一笑"。

《酒文化片羽》下了很大的功夫对经典名著中的酒文化进行研究，可以说开创了一个领域。书中把经典名著里酒的特点，与酒的文化含义进行了解析。比如"红楼梦"里的酒是"雅"，无论是什么样的人，只要在《红楼梦》里出现，喝酒都是"雅"。《金瓶梅》里的酒是"淫"，无酒不淫、凡酒必淫。《西游记》里的酒是"辩"，成也酒败也酒，《儒林外史》凡是说到酒，都是在"清谈"。《三国演义》里的酒是"谋"，《水浒传》里的酒是"勇"，不一而足。

片羽纷飞乡愁，吉光

漫步通神雨巷，仍在俗世

仰望诗意星空，满眼泥泞

曲里拐弯，翅膀掠过

正是大道

酒文化在交谈中复活，从初一到十五

再从十五到初一，暖心发模

————李裴（笔名：裴戈）

中国文化，尤其是诗词，是酒泡出来的。民以食为天，"饮"在"食"之前。读《酒文化片羽》，我感觉到，人这一生，也就是"春夏秋冬""加减乘除"。生命历经春夏秋冬，只剩下片羽的时光，加减乘除之后是除不尽的余数。我们醉了，黄皮肤的脸飘着一片红，像飘着的一面红旗一样；当我们醒了，回想当时饮酒的情形，拳呼和豪饮"重大的秘密"是酒文化，这是我读《酒文化片羽》的总体感觉。

　　——中国作家协会会员、诗人　李发模

没有诗歌的盛典是不完美的。得道之人强调的是"世事洞明皆学问，人情练达即文章"，"诗""酒""礼"和"道"是互通的。李裴先生的《酒文化片羽》，说的就是"诗和礼"的关系，一个得道之人才能把这其中奥妙看透、说透。道生一，一生二，二生三，三生万物，只有"世事洞明"才获得了道，一位得道之人的著作，也是《酒文化片羽》值得去读的关键所在。

　　——诗人、首届鲁迅文学奖获得者　王久辛

作为有着三十多年工作经历的酒店管理者，所谓酒店，是先有酒后有店，就像饮食二字，先饮后食。酒店与酒文化有着深刻联系。现在国外的高档酒店都有专属于自己的酒文化品牌，酒店文化离不开酒，而中国的酒店其实大部分还停留在饭店这样一个定位，这让我们反思酒店经营应该上升到文化层面。贵州酒店集团的发展离不开裴戈的大力帮助和推动，我们也承担着对贵州各种文化的展示宣传和弘扬，为贵州的酒文化添光增彩。

　　——贵州酒店集团总经理　祝胜修

这本书如果早给我一年，我至少能多挣一千万。翻开这本书，为我打开了酒文化知识的视野。如果早点能读到这本书，做酒生意时就可以和别人多聊一点酒文化，通过我的平台让更多的人知道酒文化。如果消费者品酒的时候可以边喝边阅读这本书，那一定会了解更多的酒文化。

——仁怀市长征文化研究会会长　桂向东

最大的特色就是传递出中华民族的"酒道"气质，从五大板块——史说、礼乐、诗性、性灵、境界中论"酒道"。这相对应的就是历史气场、中庸之道、主人意识、英雄欲望和天人合一。不同于茶道的仪式感，不同于西方的酒神"罪感"文化，更多地是寻找"酒"神，这个中国人的性灵之源、性灵之根，并赋予不同于西方的酒的"乐感"文化。掩卷回味，我想借用一位诗人的诗句，玻璃瓶子碎了，酒还原封不动站在那里。

——福建省三明市广播电视台副台长、诗人　卢辉

裴戈的《酒文化片羽》强调酒有通神的作用，这里的通神强调的是自我，通过阅读这本书，这样系统的梳理让作为读者的我倍感受益。喝了酒，就是在半梦半醒之间通神的境界，如醉生梦死一般，这也给了我一个启发，我觉得冥想这么一个过程对于诗歌创作非常有意义。

——《诗歌月刊》编辑部主任、诗人　黄玲君

由一篇篇短文随笔汇集的一幅中国酒的文化长廊，在这连绵不尽的走廊里，从五个方面讲述中国酒文化的源远流长和博大精深，旁征博引，横贯古今，从酒与社会、经济、文化、生活、历史、观念等方面，对几千年来中国的酒文化进行

了梳理。有感悟、有发现、有挖掘。可以说是一部有史料价值、可读性很强的酒文化读物。

——《天津诗人》总编辑、诗人　罗广才

这是我喜欢的一本酒文化随笔集。作者取名"片羽"，我想这体现了他对中国传统文化的敬畏，认为自己所知所写的不过是灿烂酒文化中的一片羽毛。品读书中的文字，也是醉了，醉在酒文化的字里行间。今夜，读完李裴的《酒文化片羽》，醉在了酒文化的世界里，说真的，三篇也许就会醉。

——贵州省作家协会会员、贵州省书协会员　卫功立

我想用两个字来概括这本书：诱与诫。我读了之后就想喝一杯，所以本书有这个诱人喝酒的功能。同时又是一部告诫人不能多喝不能喝多的书。

——世界诗人大会常务秘书长、诗人　北塔

我抱着学习的心态读《酒文化片羽》。起初，我读得很快，因为这本书很吸引我，我很想知道接下来的内容。但是读着读着就舍不得读了，因为再读就要读完了，这时我会把速度放慢一些。这种感觉就好像在酒席上喝美酒，喝到最后就没有了，你就会慢慢地品，舍不得喝完。我认为，这本书是一本当代酒经。

——作家网编辑部主任、诗人　安琪

图书在版编目（CIP）数据

酒文化片羽 / 李裴著. -- 贵阳：贵州人民
出版社,2013.12
　　ISBN 978-7-221-11544-7

Ⅰ.①酒… Ⅱ.①李… Ⅲ.①酒—文化—中国—通俗
读物　Ⅳ.①TS971-49

　　中国版本图书馆CIP数据核字(2013)第295628号

本书获2013年贵州省出版发展专项资金资助

酒文化片羽

李裴　著

审　　　校：王晓卫
封面题字：雷珍民
责任编辑：谢丹华
装帧设计：郑亚梅　唐锡璋
出版发行：贵州出版集团　贵州人民出版社有限公司
地　　　址：贵阳市观山湖区会展东路SOHO办公区A座
邮　　　编：550081
印　　　刷：深圳市泰和精品印刷有限公司
开　　　本：710mm×1000mm 1/16
印　　　张：12
字　　　数：200千字
版　　　次：2014年1月第1版
印　　　次：2020年5月第4次印刷
书　　　号：ISBN 978-7-221-11544-7
定　　　价：68.00元